1 小时读懂建筑

[美] 卡罗尔·戴维森·珂拉格（Carol Davidson Cragoe） 著

徐寅岚 译

机械工业出版社
CHINA MACHINE PRESS

这是一本帮你了解建筑的科普书，通过丰富的插图、简洁明了的文字介绍了关于建筑的基本知识。通过这本书，你可以快速了解建筑的发展史以及各种类型建筑的结构和用途，同时也能提升你欣赏建筑的水平。读完这本书，当你再次见到各种各样的建筑时，将不再只能用"雄伟""气派"或者"震撼"来形容它，你能知道它属于哪一类，大概建在什么年代，大概的结构，主要的特征，以及修建它的历史背景。从此，建筑在你眼里，将不再是冰冷的，它会变得有温度、有意义，因为它不仅有各种功能，也承载着不断发展的文化。

How to Read Buildings / by Carol Davidson Cragoe / ISBN: 978-1-912217-30-4.

Text copyright © Carol Davidson Cragoe.

Design copyright © Ivy Press Limited.

Copyright in the Chinese language (simplified characters) © 2022 China Machine Press

本书由Ivy Press Limited授权机械工业出版社在中国大陆地区（不包括香港、澳门特别行政区及台湾地区）销售。

北京市版权局著作权合同登记　图字：01-2020-5235号。

图书在版编目（CIP）数据

1小时读懂建筑 /（美）卡罗尔·戴维森·珂拉格著；
徐寅岚译. — 北京：机械工业出版社，2022.10（2023.10重印）
书名原文：How to Read Buildings
ISBN 978-7-111-71473-6

Ⅰ.①1… Ⅱ.①卡… ②徐… Ⅲ.①建筑学–普及读物 Ⅳ.①TU-49

中国版本图书馆CIP数据核字（2022）第154740号

机械工业出版社（北京市百万庄大街22号　邮政编码100037）
策划编辑：黄丽梅　　　　　责任编辑：黄丽梅
责任校对：薄萌钰　王明欣　责任印制：张　博
北京利丰雅高长城印刷有限公司印刷

2023年10月第1版·第2次印刷
145mm×200mm·7.625印张·2插页·194千字
标准书号：ISBN 978-7-111-71473-6
定价：69.00元

电话服务　　　　　　　　　网络服务
客服电话：010-88361066　机 工 官 网：www.cmpbook.com
　　　　　010-88379833　机 工 官 博：weibo.com/cmp1952
　　　　　010-68326294　金　书　网：www.golden-book.com
封底无防伪标均为盗版　　　机工教育服务网：www.cmpedu.com

目 录 CONTENTS

概述

每天，当人们穿梭游走于林林总总、大同小异的建筑之间时，总会不经意地与一些与众不同或非比寻常的建筑邂逅。这些与众不同的建筑究竟特别在哪里？它们建造于何时？它们缘何被建造？在这本书中，你将找到这些问题的答案。此外，本书还将介绍解读一座建筑所需要的技巧，只要把握住整座建筑及其各个构件上的细部雕刻艺术，你便能学会辨认从古希腊时期到当代的每一阶段建筑构件的关键特征。

建筑学——建筑的艺术——有一套自成体系的语言。解读建筑就像用一种语言进行阅读一样：你需要在阅读之前先掌握它的基本结构。一旦完全掌握了这一语言的基本结构，你便可以自由徜徉在建筑的知识海洋中了。

建筑学语言的"语法"主要有三点：建筑类型、建筑风格和建筑材料，其中的每一项都会对建筑的外观产生巨大的影响。本书对这三点分别以一章进行了论述。除了这些"语法"，本书还对各个建筑构件进行了介绍，包括柱子、拱结构、屋顶、楼梯、窗和门等。最后对装饰也进行了介绍。同样，本书也对这些建筑构件分别进行了论述。通读全书后你将发现，全书的总框架依然由建筑类型、建筑风格和建筑材料这三个"语法"搭建而成，但它们使每个独立的建筑构件

位于古希腊雅典的赫菲斯托斯神庙，建造于公元前 449 年，采用多立克柱式。在 7 世纪时被改造成一座基督教堂。

相互契合，从而形成一个条理分明、连贯一致的整体。

在开始具体的论述之前，我们先一起分析一个案例，它向我们展示了建筑构件是如何相互契合从而连贯一致的。仔细思考上一页和本页图片中展示的两座建筑。它们"是什么"或"在哪里"这些问题无关紧要，我们仅关注它们之间的相似点与不同点。初步对比之下，区别显而易见：赫菲斯托斯神庙看起来低矮纵深，而圣潘克拉斯教堂因为中心塔楼显得高耸挺拔。深入对比之后，相似点逐步显现：教堂入口处和神庙入口处的构造看起来非常相似，尤其是位于两座建筑的三角楣之下排成一行的六根柱子。可以看出与神庙相比，教堂前面这些柱子上的细部显得更加精细和纤巧，这是因为圣潘克拉斯教堂建造于19世纪初期，是一座希腊复兴风格的建筑，它的细部装饰模仿了古希腊神庙。如果你阅读了本书，就能轻松地进行这样的比较。

位于英国伦敦的圣潘克拉斯教堂，建于 1819—1822 年，希腊复兴风格。它有一座爱奥尼柱式的门廊和一座受古典风格影响的尖塔。

概述·寻找线索

解读建筑的过程与侦探的过程类似：你需要搜寻线索来识别建筑物。线索可能是改动过的门窗，可能是更换过的材料，也可能是在建筑改造工程中遗留下来的原有结构的断壁残垣，甚至还可能是一些更小的细节或奇特的反常之处，它们让你想知道建筑为什么会这样。建筑的每个部分都是千变万化的，你必须像一位出色的侦探那样，开动脑筋，竭尽全力去获取每一条可能有用的信息，从而成功搜寻到解读建筑的线索。尽管颇有难度，但本书提供了一些常规的方法供你搜寻线索时借鉴。

细节的冲突

如左图所示，在试图解读一座建筑时，关注细节和基本形式极其重要。图中三座房屋的内部结构完全相同，但由于使用了不同的外部细节，比如垂直的壁柱装饰和水平的腰线装饰，让它们看起来完全是三座不同的建筑。

屋顶的痕迹

很多建筑改造工程都会在建筑的结构上留下种痕迹。比如下图所示的建筑，它的屋顶轮廓线被降低，留下了之前屋顶的边缘线①暴露在邻近建筑的外墙之上。此外，之前建筑的断壁残垣②也是发现已消失结构的线索。

改造过的窗

成功识别不同风格的建筑外观有助于理解一座建筑的发展历程。在图示的建筑中，一扇 15 世纪的大花格窗被嵌入两个 12 世纪的窗洞之间，两个窗洞的局部还依稀可见。这有助于我们认识到这座教堂是如何随着时间的推移而发生变化的。

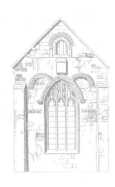

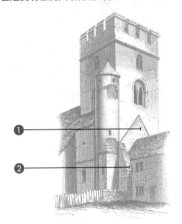

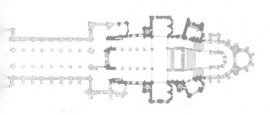

奇特的形状

奇特或反常的形状通常是发现一座建筑改造痕迹的最佳线索。例如，英国的坎特伯雷大教堂东端（上图右侧）那些弯弯曲曲的弧线显示了原有的建筑结构，在建造教堂的新东端时，只有部分被拆除。

嵌入的夹层

图中这所意大利民用房屋有一个 18 世纪时新嵌入的夹层结构。因为建筑底层的商店用位于上面的新古典主义窗作门面，周围却环绕着中世纪的拱券，看起来极不协调（这些中世纪的拱券最初应该是全部打开的）。此外，该建筑外部的楼梯也是一条线索，说明这座建筑内部新嵌入了夹层结构。

建筑的外观会受到功能的影响，许多类型的建筑都有独一无二特征，使得它们很容易被辨别，比如教堂的塔楼或者商店的橱窗。通常，这些特征既有实用性也有装饰性，以教堂的塔楼为例，它是为了放置提示人们做礼拜的鸣钟而建造的。熟悉这些关键特征有助于辨别不同类型的建筑，但是一种建筑类型中的元素也可以作为另一种完全不同的建筑类型中的装饰元素，这常常是为了将两种不同的建筑类型联系起来。

教堂尖顶

许多建筑类型都有区别于其他建筑的明显特征，例如清真寺的光塔、仓库巨大的出入口或者是商店特有的超大橱窗。伦敦圣潘克拉斯教堂的尖顶建于 1819—1822 年，鲜明地标示出该建筑是一座教堂，尽管它有一个装饰性的神庙式正立面。

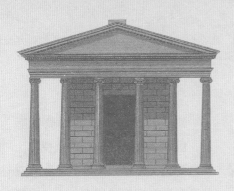

神庙式正立面

古典神庙的正立面与众不同，它们有支承在柱子上方的明显的三角楣，这一结构有助于隐藏神庙的内殿或圣殿。如图所示，土耳其一座为狄俄尼索斯（古希腊神话中的酒神——译者注）所建造的神庙就是如此。在文艺复兴时期、巴洛克时期和新古典时期，这种神庙式正立面的装饰形式曾被广泛采用。

组合特征

能够辨别不同类型建筑的特征具有非凡意义，因为有些建筑融合了多种特征。例如波兰马尔堡城堡的骑士大厅，使用了防御塔的形式，但是又外加了巨大的、装饰性的窗，使其具有贵族式住宅的特征。

火车站

新功能的出现要求开发新的建筑类型，例如火车站。1851—1852 年建于伦敦的国王十字火车站是最早建成的火车站之一，它的外部清晰地显示出巨大的拱形火车棚。此外，它还有一个醒目的时钟和一个巨大的候车区。

柱廊联排住宅

19 世纪早期，由约翰·纳什设计的位于伦敦的柱廊联排住宅，实际上是位于两侧的一长排互相连接的房子。但是，凸出的柱廊使得整个设计获得了统一的效果，并且创造出比任何一座独立的房屋都要宽阔的整体空间形象。

建筑类型·宗教建筑

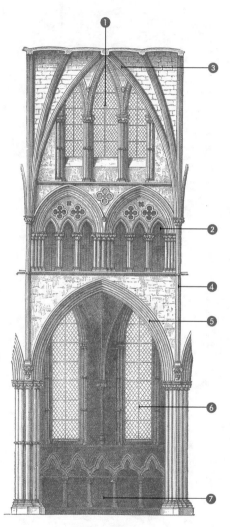

宗教建筑的形式会因教别而异，但大多数都有一个共同特征，就是为信徒提供一个可以聚会的空间。在许多宗教建筑中，这个空间是根据性别来细分的，并且还可能有特殊的空间专门提供给那些还没有完全皈依该宗教的人使用。宗教建筑中还要举行一些仪式，例如弥撒，通常也需要空间。这些空间可能会对信徒开放，也可能不会。宗教建筑常常是所在地区最著名的建筑之一，其打破天际线的穹顶或高塔很容易被辨别。

教堂的立面

中世纪的大教堂都是多层建筑，这些建筑垂直布局的部分被称作立面。一座普通教堂或主教座堂的立面图通常包括高高的天窗①、拱门上面的拱廊②、拱顶③、拱顶支承④、中殿拱廊⑤、过道的窗⑥和盲拱廊⑦，但并不是所有教堂都拥有以上所有的元素。

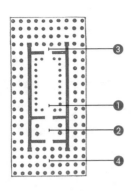

古希腊神庙的平面

在古希腊神庙的内殿①中通常摆放神像。神庙没有窗，它是专门留给祭司用的，信徒只能站在外面。在内殿的前面是门厅②，后面是后室③，整个神庙通常被列柱或列柱廊④围绕。

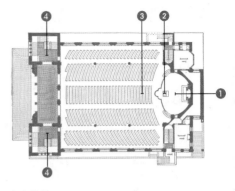

犹太教堂

犹太教堂的东端有一个抬高的平台①，用于放置保存经卷的约柜和读经台或者讲台②。中间是大量的座位③，此外，如图所示的犹太教堂，还包含两个由楼梯进入的女性专用顶层楼座④。

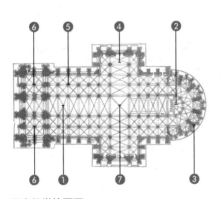

天主教堂的平面

天主教堂通常有两个主要组成部分：用于信徒聚集的中殿①和用于举行弥撒的唱诗堂②。如图所示科隆大教堂这样的主教座堂会更复杂一些，通常还包括半弧形的后殿③、耳堂④、教堂小经⑤、西塔⑥以及一个十字中心区域⑦。

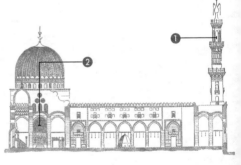

清真寺

清真寺的主要建筑特征包括：一个被称为光塔的塔楼①，用于召唤信徒们进行祷告；一个有穹顶的大厅②，信徒在这里祷告和听布道。

建筑类型·城堡和宫殿

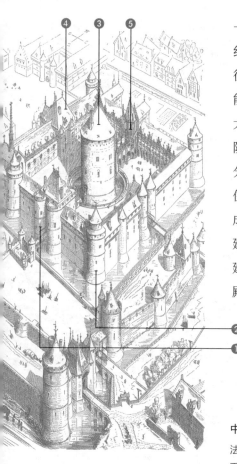

城堡是一种防御性建筑，而宫殿是一种宏伟的皇家或贵族住宅。但在中世纪时期，这两种建筑类型之间的区别往往是模糊不清的，因为这一时期的城堡能提供奢华的居住条件，而宫殿则有强大的外部防御工事。塔楼是中世纪时期防御工事和贵族住宅的一个重要组成部分。从17世纪开始，防御工事和贵族住宅的区别越来越明显，宫殿建筑发展成为展示主人财富和声望的窗口。许多建于18~19世纪豪宅和其他新形式的建筑，尤其是豪华大酒店，也借用了宫殿建筑的元素。

中世纪时期的城堡

法国巴黎老卢浮宫的中世纪城堡（在现今的卢浮宫下面，仍然可以看到它的遗址）有坚固的防御工事，包括门楼①、角楼②和一座中央塔③，它还有为皇室成员所建的奢华住所④和一座小教堂⑤。

文艺复兴时期的宫殿

佛罗伦萨美第奇家族的府邸（始建于 1444 年）是一座典型的意大利文艺复兴风格的宫殿。它的底部楼层有坚固的墙壁，提供储存货物的空间和通向中央庭院的入口。该建筑主要的居住空间在上部楼层，有大型的双开窗。

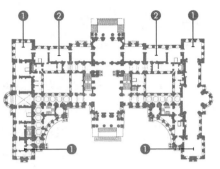

带塔楼的宫殿

英国的布莱尼姆宫（建造于 1705—1722 年）是历代马尔伯勒公爵的府邸。它拐角处的塔楼①暗示着宫殿所要纪念的防御和军事胜利，但这些塔楼只是装饰性的，没有实际功能。和这一时期常见的其他宫殿一样，其奢华的主要房间②呈线形排列，彼此串联，中间不设置走廊。

百万富翁的豪宅

19世纪，极其富有的贸易和工业巨头为他们自己建造了豪宅，这些豪宅虽然名字不叫宫殿，但实际上就是一座座宫殿建筑。例如，位于美国罗得岛州的范德比尔特家族的意大利风格的豪宅，拥有的房间达78个。这座豪宅由理查德·莫里斯·亨特设计，建于1893—1895年。

豪华酒店

19世纪，随着火车和轮船的发展对大众旅游业的推动，酒店变成一种越来越重要的建筑。它是借用宫殿的视觉语言创造出来的伟大建筑物。例如，新加坡的莱佛士酒店（建于 1887 年），就将帕拉第奥式窗和源自当地的装饰图案成功地结合起来。

BUILDING TYPES

居住建筑是我们身边最主要的建筑类型，其设计在过去几个世纪里发生了很大变化。在远古时期，以及现在的许多热带国家，居住建筑都是围绕一个中心庭院而建，并且房间有一面是敞开的。在中世纪的欧洲，居住建筑的主要元素是大厅，一个可以用作厨房、餐厅和卧室的开放空间。到了 16 世纪，开始流行分隔私人空间，包括楼上的私人空间。城市的发展也促进了排屋或街道两边相连的成排房屋的发展。

塔司干柱式中庭

塔司干柱式中庭的内部展示了古罗马居住建筑极其丰富的内部装饰。带天井的中央大厅有镶嵌花格的顶棚，墙壁上有彩色壁画。周围独立房间的门开向中央有水景的中庭。

大厅

大厅是中世纪居住建筑的主要生活区域，它同时作为公共就餐和睡觉的空间，并且拥有典型的直通屋顶的大窗。大厅尽头的两扇门分别通向食品储藏室和酒类储藏室，分别用于存放干、湿食物。

悬挑式居住建筑

即使还没有走进去，你也能判断出这座中世纪的法式居住建筑有许多层。因为伸出的梁柱表明了它通过托梁和悬臂梁支承着楼层端部的所有重量，所以以清楚地看到了楼层的存在。房屋前面伸出的梁柱常常被重点装饰。

城郊居住建筑

我们如何能够确定这是一座居住建筑而不是一座商店或是教堂呢？首先是因为它的规模，不是太大，也不是很小。其次是因为它单一的入口和几乎每扇都大小相同的窗，这和商店的底层窗要大一些的特征不同。

公寓大楼

位于伦敦的海波因特公寓建于 1935 年，你可以从其突出的单一入口和众多楼层的窗清楚地辨别出这是公寓。这样的设计可以为每间公寓提供良好的采光和空气。

建筑类型·公共建筑

　　大多数城市都会有一些公共建筑，它们或是为市民和政府使用而建，或是为大规模的娱乐活动而建，还有些是为展示藏品而建。公共建筑中最常见的类型是剧院、市政厅、图书馆和博物馆。这类建筑有它们自己的建筑语言，将它们与宗教建筑、民用建筑或商业建筑区分开来。而且，公共建筑的关键特征显而易见，例如城镇上突出的高塔和市政厅大楼。公共建筑还有独特的室内布置，例如剧院里的观众席和博物馆里开放的画廊空间。

剧院

这张古希腊剧院的剖面图展示出了它和现代剧院惊人地相似。座椅倾斜或按照某一角度向后设置以确保每个人都能获得良好的视觉体验。表演在高于乐队演奏台的、专为音乐家和舞蹈家准备的舞台上进行，舞台的后面是更衣室和储藏室。

市政厅

在比利时布鲁塞尔有一座建于 15 世纪的哥特式市政厅，在它高耸的塔楼上有一座会响的时钟。塔楼不仅使时钟在城市上空更加醒目，同时它也是使市民产生自豪感和展示地方政府权力的标志。

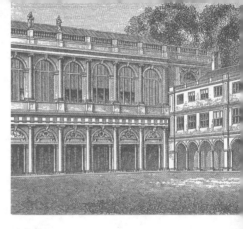

大学图书馆

图书馆一直是学校的重要基础设施。英国剑桥大学三一学院的图书馆建于 17 世纪，它上层的阅览室有巨大的窗，能提供良好的自然光线。底部楼层的拱廊填满了书架。

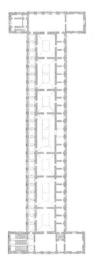

博物馆

公共博物馆是在 18 世纪末出现的一种新的建筑形式，德国慕尼黑的绘画陈列馆是最早建设的公共博物馆之一。在它的中央有一组相互连接的画廊，光线从上方照射下来，在两侧有相对小一些的画廊，这种布局在现在的博物馆中仍然很常见。

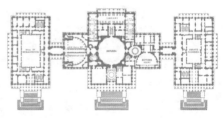

政府建筑

美国国会大厦的建筑形式反映了美国国会的组织结构，它由两部分组成，即参议院和众议院。它们分别有一个大的议事厅，分布在大厦两端。大厦的中心位置是一个带穹顶的圆形入口大厅，还有一个相对小一些的议事厅。

BUILDING TYPES

为了进行商品贸易，需要生产和储存商品的空间，也需要可以让买家和卖家进行交易的地方。虽然将一块毯子铺在地上就可以形成一个简单的商业空间，但是随着城市的发展，人们迫切需要商业建筑。商业建筑可以提供商品储存和销售的空间，以满足人们的这些特殊需求。城市空间有限的压力导致市区的商店常常与住宅结合在一起，业主可以居住，也可以出租。19 世纪，销售各种类型商品的百货商店得到了发展。

古希腊式柱廊

古希腊式柱廊是一种单层或两层的有顶柱廊，是早期的购物中心，通常围绕集市而建。小商店会紧挨着柱廊后面坚固的墙体建造，前面的开放式柱廊会为购物者和其他行人提供一条荫凉的过道。

商住楼

城市中由于空间有限，商店和住宅常常结合在一起。从古至今都是如此。如图所示，这座中世纪晚期的法国建筑的一楼是一家商店，楼上的几层则是被不同家庭使用的住宅，这与现代公寓相同。

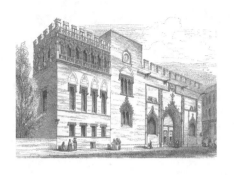

集市大楼

在中世纪，日益增长的国际贸易量使贸易中心（例如港口城市）的商业建筑得到发展。如图所示，这座建于中世纪晚期，位于西班牙瓦伦西亚的集市大楼，有着厚厚的墙壁和带有许多木栅的窗，可以保护储存在这里的商品。

百货商店

百货商店，例如创建于 19 世纪，位于美国纽约的布鲁明戴尔百货商店，能够使之前在不同的商店出售的各种不同商品汇聚一堂，你可以很轻松地通过其明显的迎宾入口将其识别出来，也可以通过它们在街边巨大的展示橱窗轻易地将其辨认出来。

仓库

图为 19 世纪晚期位于澳大利亚悉尼的达尔顿兄弟的仓库和陈列室，其特征是有方便运货马车进出的大型入口和突出的底层窗。这些建筑不仅是储存商品和进行交易的实用场所，这种最新的建筑风格，也为它的主人做了一次不小的广告宣传。

建筑风格·综述

　　建筑的风格有助于我们确定建筑的建造时间，有时还可以帮助我们了解它的建造目的。接下来，让我们一起看一些主要的建筑风格。随着时间的推移，建筑风格也在发生巨大的变化，和其他时尚一样，建筑风格有时也会再次复古流行。建筑风格有两个主要组成部分：局部的装饰细节和整体的排列布局。因此，尽管古希腊神庙与哥特式教堂一样都使用醒目的山墙，但我们从山墙的外观和位置以及其他细节，还是能够很容易地将神庙和大教堂区分开来，比如大教堂使用的窗花和扶壁就与神庙完全不同。

元素的再利用

大多数的建筑风格都会同时包含旧元素和新元素。如图所示，在意大利威尼斯的圣马可学校（15 世纪 80~90 年代）这种文艺复兴风格的建筑中，采用了许多源自古罗马时期的建筑元素，例如柱上楣构下方的拱门、三角楣饰和藻井，但是设计师通过新的方式将它们组合在一起。

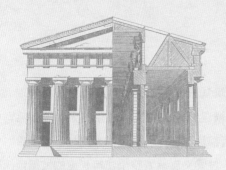

神庙的风格和结构

古希腊神庙主要的风格特点是它的三角楣饰和柱廊。它们同时具有结构和装饰的功能。如图所示，柱子支承着顶棚，从而在建筑的四周形成开放式的走廊，而三角楣饰则统一并隐藏了建筑内部殿宇和外廊的屋顶。

古罗马拱廊

古罗马拱廊是一种将拱券结构设置在由柱子支承的过梁下方形成的古罗马建筑。如图所示，建于公元前1世纪的罗马马塞卢斯剧院的拱廊，就体现了古罗马建筑的主要风格特征。它起源于使用拱券结构来加强古希腊人使用的、相对薄弱的横梁结构（柱与梁）。

哥特式窗

哥特式风格的所有主要元素都可以从这座14世纪建于法国的沙特尔大教堂的窗上体现出来：尖拱、装饰性的山墙、窗饰（呈条石状）和带有雕像的壁龛，通过辨识这些细节，可以帮助我们确定一座建筑的建造时间和建造目的。

新古典主义细部

建筑风格也是怀念特定历史时期的工具，并可作为某种特点的象征，如财富或地位。例如，上图这栋20世纪早期美国的城郊住宅的设计者采用了新古典主义风格的细部设计，以怀念内战前的美国。

建筑风格·古希腊风格

古希腊建筑从根本上来说就是一种用石材表现木梁柱结构或横梁结构的建筑。现存的大多数古希腊建筑都是神庙。一排排高大的柱子支承着过梁，过梁又支承着整个建筑长度的坡屋顶结构。在坡屋顶两端形成的三角形山墙，往往会重点装饰，这是古希腊建筑风格的一个主要特征。严格的规制指导建筑物每个部分的设计，比如著名的柱式规制，规定了包括柱子的大小和形状、柱头的装饰以及柱上楣构区域的设计。

早期的科林斯柱式

华丽的科林斯柱式最早的例子之一是位于古希腊雅典卫城脚下的李西克拉特合唱团纪念碑（公元前335—公元前334年），它被设计用于安放一个铜碗，这个铜碗是李西克拉特在合唱比赛中赢得的，作为感谢神的祭品。

多立克柱式

多立克柱式的柱头相对简
单，柱身有凹槽装饰，带
凹槽的三陇板与时而朴素
平滑、时而带浮雕的陇间
壁交替出现，这些都是古
希腊本土建筑的显著特
征。与后来的古罗马多立
克柱式不同，古希腊多立
克柱式没有柱础。它们的
柱身中部粗壮，使它们看
起来更加协调。

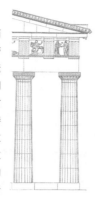

神庙平面图

古希腊神庙各个部分的设
计都基于严格的比例规
则，通常包括一个外部围
绕柱廊的内殿。内殿由前
殿入口门廊、主殿或正殿
以及后面的后殿组成。

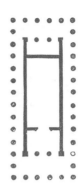

内殿

位于古希腊神殿中心位置的内殿是供祭司使用
的，这里通常摆放着神的雕像以及人们的祭品。
内殿被柱廊包围，祭坛通常设置在最顶层的台
阶上或台基上。

彩绘装饰

今天，我们认为古希腊建筑的特点是它使用纯
白色的大理石，但是最初的古希腊建筑会被涂
上鲜艳的色彩。这张图片向我们展示了平滑的、
朴素的多立克柱头和柱身是如何利用几何图形
和树叶形图案进行装饰的。

古罗马人有许多重要的技术发明，包括发挥拱券在结构上的潜力、混凝土的使用以及穹顶的发展。相比已经实现的、相对简单的古希腊横梁结构，这些发明使建造更为庞大复杂的建筑成为可能。拱券的使用也扩大了古罗马人建筑装饰的可用范围，尤其是带有一系列柱子和柱上楣构的拱券结构。墙壁和顶棚的表面装饰也变得更为丰富。以致后来有评论家认为，古罗马建筑的奢靡之风就是罗马帝国颓废和衰落的标志。

古罗马建筑的精致

古罗马建筑，尤其是神庙建筑（如建于公元前1世纪的波图努斯神庙），有许多基本特征与古希腊建筑相似，包括突出的门廊、柱式的使用（这里用的是爱奥尼柱式）以及阶梯式墩座。但总体而言，古罗马建筑往往比古希腊建筑更加华丽和精致。

拱结构

带有柱上楣构框架的拱结构是古罗马建筑的主要特征，如图中的古罗马竞技场，即使建筑的真正重量已经被拱券结构完全承担，设计师也不愿放弃用柱子支承过梁的横梁结构的建筑外观。

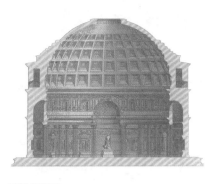

混凝土穹顶

古罗马万神庙（118—128 年）独特的碟形穹顶和丰富的室内装饰对后世建筑产生了巨大的影响。万神庙巨大的混凝土穹顶直到文艺复兴时期才被超越，在 7 世纪早期，它被改造成教堂。

古罗马晚期宫殿群

古罗马晚期皇帝戴克里先在克罗地亚斯普利特建造了一座由巨大的宫殿和寺庙组成的建筑群（300—306 年）。如图所示是宫殿的入口庭院，在这里可以看到后期建造的建筑，有一个由科林斯柱构成的柱廊式拱廊。注意建筑上方厚重的檐口，并观察拱券结构是如何从外部框架结构中解脱出来的。

古罗马民用建筑

18 世纪末期，意大利那不勒斯附近发现了消失的庞贝古城，这对于研究新古典主义建筑的发展具有非常重大的意义。庞贝古城完美的保存状态显示了古罗马民用建筑的建造情况，如居住房屋、集会大厅和浴室。

建筑风格 · 早期基督教风格和拜占庭风格

326年，基督教成为罗马帝国的官方宗教。古罗马建筑形式开始逐渐适应新的基督教用途，特别是被古罗马人作为集会大厅使用的通道式巴西利卡（长方形柱廊大厅），成了基督教堂的通用样式。同时，古罗马的建筑装饰也开始适应新宗教的需求。到了5世纪，随着罗马帝国的衰落，古罗马建筑的传统在欧洲被大规模丢弃，但在东部的拜占庭和其首都君士坦丁堡（现在土耳其的伊斯坦布尔），古罗马建筑仍然存在。

通道式巴西利卡

由五条通廊组成的典型巴西利卡式建筑布局，通常含有一个较高的可从天窗采光的教堂中殿和稍低些的侧廊，例如图中建造于君士坦丁一世统治时期的位于罗马的圣保罗教堂。曾在古罗马巴西利卡式建筑中用作法庭的教堂东面半圆室里安置着圣坛，全体教徒在教堂中殿聚集。

穹顶式巴西利卡

随着中央穹顶的引入，巴西利卡越来越适用于基督教堂，因为穹顶为建筑的中心提供了更好的采光。532—537年，建于君士坦丁堡的圣索菲亚大教堂是最重要的穹顶教堂之一。除了中心穹顶外，还有附属穹顶，形成了一个十字形或交叉形的平面。

外部前厅

前厅或叫门厅，是早期基督教堂的一个重要组成部分。未受洗礼的信徒不能出席弥撒，所以在仪式进行到第二部分时他们必须撤到前厅。上图所示是罗马老圣彼得大教堂的前厅，它有一个可以举行大型集会的露天中庭（或庭院）。

马赛克装饰

早期基督教和拜占庭教堂的内部通常使用马赛克进行华丽的装饰，马赛克是用彩色玻璃和石子制作的微型方格画。此外，镀金砖瓦也被使用，尤其是用来制作背景时，可以营造出一种闪闪发光、超凡脱俗的视觉效果。图中所示是罗马的圣康斯坦齐亚大教堂。

基督教风格的柱头

拜占庭风格的柱头改编于科林斯式柱头，但经过了抽象简化处理。从意大利威尼斯的圣马可大教堂这个例子来看，虽然柱头样式被简化了，但仍然可以辨认出卷曲在中央基督教十字架周围的莨苕叶饰图案。此外，鸟类图案、兽类图案和经简化处理的纯粹几何图案也很常见。

建筑风格·罗马式风格

　　罗马式建筑的特点是使用圆拱、厚墙和繁复的几何装饰。罗马式风格于 1000 年左右开始流行，直到 12 世纪末期一直在整个欧洲广为传播，之后被新诞生的哥特式风格所取代。它的名字强调了这种风格源自古罗马建筑，但也因英国和法国的诺曼人而变得著名，因为它是在 1066 年威廉征服英国后被诺曼人带到英国的。在西班牙北部圣地亚哥 – 德孔波斯特拉主教座堂的朝圣路线沿途，人们发现了许多现存良好的罗马式建筑。

半圆形礼拜堂

图中所示是法国图卢兹的圣塞宁教堂（1080—1090 年）。半圆形礼拜堂体现出教堂主后殿的曲线与圆塔相呼应，采用相对简单的形式组合达到了很好的视觉效果。叠层的圆头窗和盲拱廊重申着建筑的主题，并在水平方向上形成了划分。

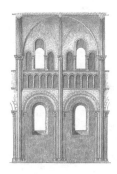

罗马式立面

如图，法国卡昂的圣三一教堂拥有一个典型的罗马式立面，即中殿拱廊的圆拱结构，由密集的墩柱支承。一条中心轴线提供了垂直方向的划分以形成建筑隔间，而圆拱上面小拱廊的盲拱则提供了水平方向的划分。天窗两侧是盲壁龛。

装饰多样化

多样化尤其是装饰的多样化，是罗马式建筑的特征之一。如在罗马的圣保罗教堂的回廊中，每组成对的柱子都与相邻成对的柱子不同，甚至在成对的两个柱子上也会有变化。同样，柱头通常也是多样化的。

盲拱廊

罗马式建筑的装饰总体来说是粗犷而非纤细，通常包括几何形的图案和奇形怪状的动物或人形图案。曾经有人在描述坎特伯雷大教堂的罗马式装饰时说它是"用斧头而不是用凿子雕刻出来的"，就比如这条 1120 年的盲拱廊。

罗马式的门

罗马式建筑的门被装饰得相当繁复，强调了从外面进入神圣世界的转换过程。如图所示，这些装饰使用了耶稣在审判中的图像，主要是为了激发出观众的敬畏感和宗教热情。

建筑风格·哥特式风格

12 世纪，尖拱的发明为建筑的发展开辟了新的可能性，并促成了哥特式建筑的出现。我们看到，哥特式建筑比前辈罗马式建筑更高、更轻，而且有更大的窗。窗饰，即窗内的石质格构工艺，就是在这期间发展起来的，同时，肋拱结构成为建筑标准。随着石匠们在中世纪后期变得越来越自信，新颖而更为复杂的建筑构造形式也发展起来了，尤其是葱形拱或 S 形拱，使流畅的窗饰、装饰性的图案和不那么陡峭的拱结构都得到了发展。

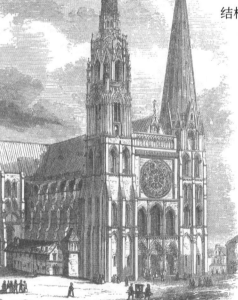

法国早期哥特式建筑

12 世纪法国早期哥特式建筑（如位于法国的沙特尔大教堂）的特征是有三扇西门，上面是三个尖尖的桃尖拱和一扇玫瑰花窗，西立面的两侧是尖塔。教堂内的肋拱通过教堂外的飞扶壁显露出来。

优雅的回廊

哥特式建筑的石匠能够创造出非常精致的效果，使石制品看上去像精美的金属制品一样。如图所示，建于13世纪早期的法国欧塞尔大教堂的回廊就证明了这一点。尽管墙体非常坚固，但它的重要性被独立支承的细长柱身、大型的窗和盲拱掩盖起来了。

装饰风格

14世纪的英国哥特式建筑通常被称为一种装饰风格，因为这些建筑的表面处理手法非常丰富。如图所示，在14世纪早期建于英国的韦尔斯大教堂的教士礼堂中，中心柱体由许多小柱体组成，肋骨拱被成倍增加，而且窗饰图案非常复杂。

英国垂直式风格

用高高的竖框和水平横档在窗的较低位置创造出一种镶嵌的效果，这是英国晚期哥特式建筑变体的特征，称为垂直式风格。如图这扇位于英格兰赫尔建造于15世纪的窗，同时运用尖拱和S形拱创造出一个复杂的、交叉形的窗饰图案。

哥特式的集市十字碑

哥特式风格的运用不仅仅局限于教堂。如图，哥特式细节被应用在英国奇切斯特集市的十字碑（1500年）。这种下面建有庇护所的建筑结构为集市提供了一个视觉中心，奇切斯特集市的十字碑上还有一个发明于14世纪的时钟。

建筑风格·文艺复兴风格

15世纪，意大利建筑师拒绝了复杂精细的哥特式风格，转向宏大的古典风格，包括重新吸收和引入柱式三角楣饰、水平方向的柱上楣构、平顶及其他的古罗马建筑元素。文艺复兴风格在16世纪和17世纪早期传遍了整个欧洲。在意大利以外的地方，建筑师拥有打破原有占统治地位的严格柱式的自由，所以发展出个性的柱式变化，从而使用古典的元素创造出新风格和新类型的建筑，如出现在北欧的造型特殊的山墙和带状装饰表面。源自古代设计的仿古建筑元素也颇为流行，包括方尖碑、坛、蔓延的树叶和顽皮的丘比特。

带三角楣饰的教堂

意大利曼图亚的圣安德烈教堂的正立面于1470年开始建造，它的设计基于罗马神庙的设计，用四根巨型壁柱支承起一座三角楣饰。这种设计满足了教堂的使用需求，在主入口放置了基督雕塑，且设置了通向侧廊的大门。

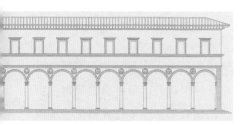

拱廊和柱上楣构

意大利文艺复兴早期的建筑十分简洁朴素，如图，15世纪90年代佛罗伦萨圣玛利亚广场中的拱廊就体现了这一点。拱廊简单的圆拱由科林斯柱支承，仅仅用一些圆形装饰板作为装饰。拱廊没有垂直方向的装饰，只有柱上楣构与上部方窗所形成的、明显的、水平方向的装饰。

对称的立面

文艺复兴风格重新强调建筑设计中的对称手法。16世纪80年代，设计师罗伯特·史密森在设计英国诺丁汉郡的沃莱顿府邸时，创造了一个完美对称的入口立面。这个立面甚至将房间的自然状态隐藏在均匀分布的窗后面，这与中世纪建筑将内部空间展现出来的做法截然相反。

北欧文艺复兴风格

北欧文艺复兴时期的建筑师们拥有将不同元素创造性地组合以达到新的装饰效果的自由。如图中的荷兰莱顿市政厅（1596年），它那复杂精细的山墙由一系列方尖碑作顶，并采用断开水平护墙的三角楣饰，不同类型的柱子和壁柱自由组合。

仿古建筑元素

以古董图案为基础的装饰设计，如瓮、怪诞的人物、树叶、贝壳、花瓶以及装饰框等，在文艺复兴时期非常流行。这些设计通过印刷品来流通，随着15世纪后期印刷术的发展，这些设计得到广泛推广。

建筑风格·巴洛克和洛可可风格

巴洛克风格发展于 17 世纪早期，以细节和空间的奢华精细而著称。建筑师们运用经典的元素将它们重组来创造出戏剧性效果。巨型柱式是该建筑风格的特征，中断式三角楣饰这种新元素也出现了。巴洛克风格与反宗教改革运动时的罗马天主教堂以及欧洲宫殿建筑尤为相关。洛可可风格是发展于 18 世纪早期巴黎的一种更加柔和的、略显非正式的风格，它通常与室内装饰联系紧密，特点是使用扇贝、弧线、卷涡形成轻快、俏皮的装饰。

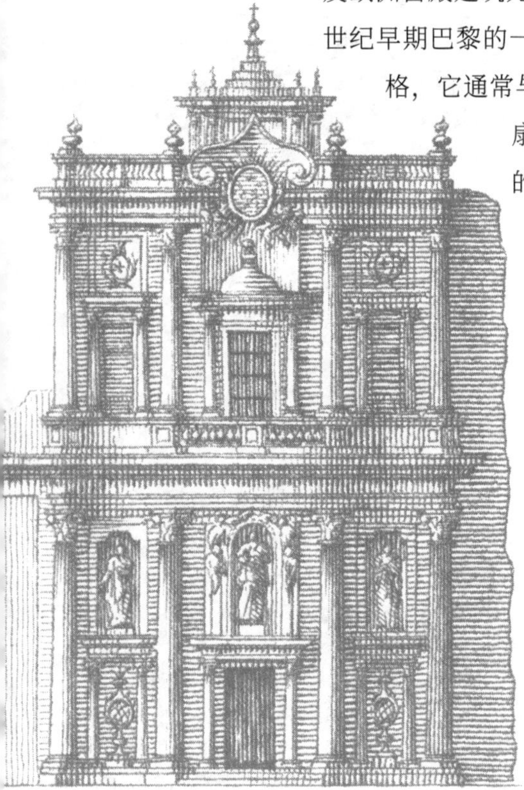

充满曲线的立面

弗朗切斯科·波洛米尼是巴洛克风格著名的建筑师之一。他在罗马设计的圣卡罗教堂（1665—1667 年）采用了凹凸交替的建筑表面来将正立面连接起来。如图所示，正立面的中间部分向前凸出，两侧向后凹进。此外，椭圆形的卷涡装饰和中断式三角楣饰进一步体现了曲线特征。

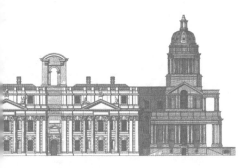

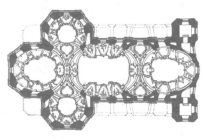

纪念性的元素

巴洛克风格的主要元素包括贯穿所有楼层的巨型壁柱、中断式三角楣饰以及窗上方夸张的拱顶石。所有这些元素都可以在建于 1695 年的英国伦敦格林威治医院中看到。外墙的表面用毛石装饰得更加复杂，建筑的整体变化丰富，显得宏大而具有纪念意义。

曲线形的平面布局

巴洛克和洛可可风格的建筑师们不仅在建筑立面上使用圆形相关的形状，在平面布局中也采用了曲线。例如，图中所示的德国菲尔岑海利根教堂（1742—1772 年），由 J.B. 诺伊曼设计，在教堂内的十字交叉区域使用了椭圆形和圆形的平面布局。这些形状在充满曲线的拱顶上也得到了多次使用。

洛可可装饰

C 形曲线是洛可可装饰的典型特征，常常与卷涡、贝壳和垂枝装饰结合使用。装饰并不限于门、窗，而是遍布墙壁、顶棚等其他建筑元素表面。图中这个法式镶板是广泛使用的典型装饰元素。

曲线形的三角楣饰

曲线形和中断式三角楣饰都是巴洛克风格建筑的特征，因为采用了古典形式，所以装饰潜力被充分挖掘。图中弧形的中断式三角楣饰，支承在花卉造型的托座上，而镶嵌在花丛中的女性半身像使三角楣饰显得更加丰富多彩。

建筑风格·帕拉第奥风格

16 世纪的意大利建筑师安德烈·帕拉第奥（1508—1580 年）对后来的建筑，尤其是 18 世纪和 19 世纪初的建筑有着巨大的影响。他设计的建筑的特点是：带三角楣饰的神庙式入口，中轴对称的平面布局，以及帕拉第奥式窗。通过设计书籍，帕拉第奥的建筑作品被更多的人知晓。第一位英国帕拉第奥风格的建筑师是伊尼戈·琼斯（1573—1652 年），但在 18 世纪早期让帕拉第奥风格广为人知的是业余建筑师伯灵顿勋爵。帕拉第奥风格曾经风靡英美。

带门廊的教堂

典型的帕拉第奥式建筑布局都有一个中心结构，前面是带门廊的神庙式入口，两侧是两个较小的亭子。就像图中所示的伊尼戈·琼斯在英国伦敦考文特花园设计的圣保罗教堂（1631 年）一样。由于英国内战的影响，琼斯的作品没有立即产生影响，但是却让帕拉第奥风格于 18 世纪早期回到了英国。

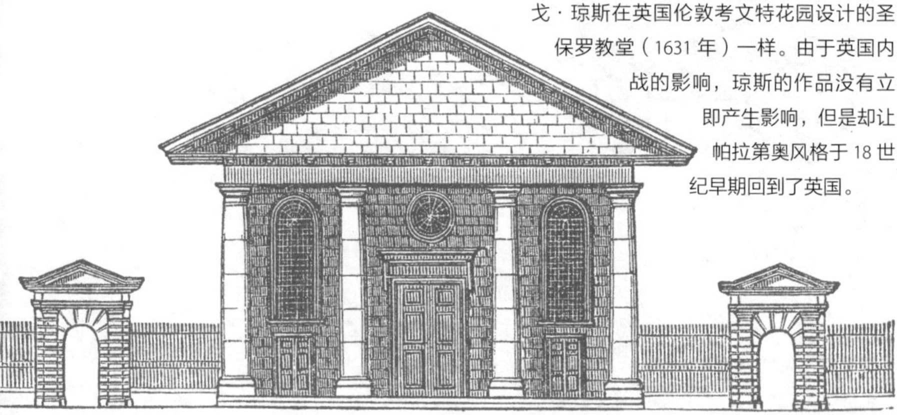

墩座上的神庙式正立面

英国伦敦伯灵顿勋爵的奇斯威克府邸（始建于1725年）建在墩座之上，是帕拉第奥风格的一个经典案例，是最具影响力的帕拉第奥建筑之一。住宅的入口（如图所示）有一个神庙式正立面和一扇位于穹顶的半圆形的戴克里先式窗，复杂的楼梯为正立面增添了戏剧性和动感效果。

花格镶嵌装饰的圆形大厅

一座纯粹的帕拉第奥建筑的外观有着简洁的线条、均衡的比例和关键的细节，但在室内装饰方面，却有着更丰富的古罗马风格。图中所示是英国伦敦的奇斯威克府邸的中央圆顶大厅，它用精美的门、窗和图画进行花格镶嵌装饰，这些设计是帕拉第奥推荐的。

神庙式入口的圆形大厅

另一座经典的帕拉第奥建筑是托马斯·杰斐逊设计的弗吉尼亚大学圆形大厅。它中央正面的神庙式入口有科林斯式的柱子，两边的半圆室形成一个中轴对称的椭圆形平面，中心的圆形大厅与穹顶相连接。但两层窗清楚地表明了这是一座现代建筑。

帕拉第奥式老虎窗

如图所示是一扇经典的帕拉第奥式窗，被用在防水板覆盖的老虎窗中，它中央拱形的采光带穿过两条较低的侧面采光带上方的柱上楣构。质朴的角饰和厚重的檐口也是用木材而非石材制作的。

建筑风格·新古典主义风格

　　18 世纪中叶的启蒙运动激发了对过去科学研究的新关注，人们开始更近距离地观察古希腊和古罗马的遗迹。直接取自古代建筑模型的版画书被广泛使用，导致了古典风格，尤其是最接近于古代建筑模型的古希腊风格的复苏。古希腊复兴式新古典主义建筑在法国和美国特别受欢迎，在这些地方，新古典主义风格通常被称为联邦风格，因为它的简洁明了与罗马帝国建筑及其衍生物（如巴洛克和洛可可风格）的奢华与过度装饰完全不同。

中央柱廊

新古典主义风格是 19 世纪早期美国杰出的建筑风格。如图所示是位于费城的吉拉尔学院（1833—1848年），它采用了神庙的形式。设计者托马斯·沃尔特曾参与美国国会大厦重建工作。一座科林斯式的柱廊将殿堂式的内部建筑完全包围，尽管有窗，但柱廊的存在使建筑内部的光线较暗。

组合式特征

巴黎的法兰西戏剧院（1787—1790年）融合了古希腊、古罗马和文艺复兴时期多种建筑元素，打造了一座简洁而优雅的建筑。无三角楣饰的突出门廊是早期新古典主义建筑的共同特征。正立面和入口处用粗面石堆砌，在门廊上方有一扇戴克里先式窗。

统一的柱廊

位于伦敦公园的新月楼是由约翰·纳什在1812—1822年间设计并建造的。它使用巨大的柱廊来统一各个组成部分，并形成了一个整合起来比任何独立部分都庞大的单一整体，远远看去，宛若宫殿。

新古典主义风格的壁炉

源自古代建筑模型的元素不仅对建筑外观设计很重要，对于室内设计同样如此。图中壁炉展示了扁带形卵箭饰、古希腊的关键性装饰图案（或叫回纹装饰图案）、经典的披发女人头塑像、花环和位于中心的神坛等可能源自版画和新发现遗迹中的元素。

希腊复兴式住宅

希腊复兴式风格在住宅的建造中颇为流行，因为它的主要细节（如三角楣饰和门廊）可以很容易地被添加到建筑中。图中所示住宅的入口处有多立克六柱式门廊，沿着两旁附有壁柱。但它的窗扇清楚地表明它是一座19世纪的建筑。

建筑风格·哥特式复兴风格

哥特式风格的复兴始于 18 世纪晚期，最初人们只在某些建筑部位上采用哥特式风格的元素，比如窗饰。但很快，哥特式建筑被全方位地复制，尤其是教堂。哥特式复兴风格在 19 世纪成为英国的主导风格。哥特式复兴运动属于更大的"如画"美学运动的一部分，此运动还包括风景园林设计。"如画"美学运动以不规则性和多样性为特点，创造出一个非常戏剧性的外观。因此，哥特式复兴风格的建筑也以刻意打破规则为特点，既创造一种戏剧感，又让建筑看似是自然而成。

仿制的哥特式

如图，英国放山修道院是一座早期哥特式复兴风格的重要建筑，它的具体材料主要是石膏和木材，而不是中世纪时期使用的石材。不出意料，它那庞大的塔在完工不久便倒塌了。

哥特式复兴风格的房屋

哥特式复兴风格在房屋建造中非常流行，如图中这个 19 世纪早期的案例。哥特式复兴风格的主要细节包括尖拱、垛口、不规则烟囱、花格窗和塔楼，这些细节绝大多数源自晚期的哥特式风格，但早期哥特式风格的细节也非常普遍。

唤起民族自豪感

在英国，哥特式复兴风格是能唤起民族自豪感的建筑风格，因为它能使人想起中世纪晚期灿烂的辉煌。所以英国许多 19 世纪重要的城市建筑，包括国会大厦和大法院（如图），都是哥特式复兴风格的建筑。

哥特式复兴风格的教堂

哥特式复兴风格是 19 世纪教堂建筑的一种重要风格，与尝试恢复中世纪时期的宗教狂热有关。哥特式复兴风格的教堂，常常将中世纪的形式模仿得惟妙惟肖，但规模和精细程度却与其相差甚远。如纽约的格雷斯教堂。

对城市的适应

位于伦敦玛格丽特街的诸圣堂（1849—1859 年）使哥特式复兴风格的细节在狭窄的城市空间中得以展现。教堂塔建造得非常高，以确保高于其他建筑而被众人所见。为能承受城市的污染和灰尘侵蚀，建筑的细节构件都改由砖和瓦制作。

A GRAMMAR OF STYLE

19世纪晚期的建筑在英国维多利亚女王即位之后多被称为维多利亚风格。特点是借鉴吸收各种各样的复兴风格，如古典风格、罗马式风格、哥特式风格和文艺复兴风格的元素。建筑师们根据不同类型的建筑来寻找适合相应时代和风格的元素，其中最著名的两种风格是：学院派风格——一种将古希腊风格、古罗马风格、文艺复兴风格和巴洛克风格包容地混合的风格，主要用于大规模的公共建筑中；安妮女王风格——主要流行于体量较小的建筑，比如住宅房屋。到了19世纪末，新艺术风格等全新的风格也开始出现了。

学院派风格

学院派风格因巴黎高等艺术学院而得名。它以折中为特征，常常将古希腊、古罗马、文艺复兴和巴洛克时期的建筑元素广泛地结合。于1875年落成的巴黎歌剧院拥有典型而奢华的混合式三角楣饰、柱子、穹顶和雕像。

折中主义风格

建于 1871—1872 年的格拉斯哥埃及馆,有一个受文艺复兴风格影响的铁制正立面,带有厚重的檐口,每一层都有拱廊。建筑的柱头和柱身是折中主义风格的,顶部是埃及风格的棕榈叶装饰,下面是科林斯式柱头,而后是伸臂柱头,最后是地面上非常朴素的巨大展示窗。

安妮女王风格

安妮女王风格以不对称式布局、小玻璃窗、装饰性山墙、半木结构、花式砖瓦制品为特征。如图所示,位于伦敦的劳瑟屋是由理查德·诺曼·肖在 1875 年设计的。

摩尔式风格

位于布达佩斯烟草街的犹太教堂建于 1854—1859 年,是一座受西班牙和北非风格影响的摩尔式风格建筑。它有带状的砌墙、洋葱圆顶式的塔楼和带券栅的窗。摩尔式风格将这座犹太教堂从当时普遍流行的哥特式风格教堂中区分出来。

新艺术风格

新艺术风格使用的曲线形式常常使人联想到植物形态,摆脱了对旧模式的依赖而创造出一些全新的东西。图中所示这座位于布鲁塞尔的塔塞尔公馆的弯曲楼梯是由维克多·奥尔塔在 1893—1894 年设计的,它是早期新艺术风格建筑的典型案例。

建筑风格·现代主义风格

　　20 世纪，建筑师们做设计时不再基于过去的某种风格，而是尝试创建一种能够彰显其时代特征的新的艺术和建筑风格。第一次世界大战之后，装饰艺术风格从机械中获得灵感。它普遍采用几何装饰与现代材料，包括塑料和有装饰意味的金属（例如铬）。在 20 世纪 20 年代晚期，以朴素和近乎没有装饰为特征的现代主义风格开始出现在勒·柯布西耶和德国包豪斯学派的建筑师的作品中。第二次世界大战以后，现代主义风格开始被广泛运用于大规模的建筑项目中，包括办公室和公共住房。

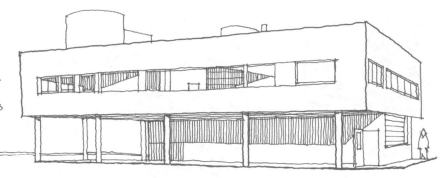

现代主义风格居住建筑

由建筑师勒·柯布西耶（1887—1965 年）设计的、位于法国巴黎附近的萨伏伊别墅是早期现代主义风格建筑一部有影响力的作品。它简洁无装饰的线条、平坦的屋顶、横向长窗、支柱、开放式的内部空间和纯白色的外观使其成为一台"居住的机器"。

装饰艺术风格

美国纽约的克莱斯勒大厦（始建于 1928 年）顶部抽象的几何形状和简洁的线条凸显了装饰艺术风格的特征，这在 20 世纪早期非常流行。其拱形的造型虽来自古典风格，但建筑师用新的方式进行了重新诠释。

现代主义风格的办公建筑

由路德维希·密斯·凡德罗和菲利普·约翰逊设计、建成于 1958 年的美国纽约西格拉姆大厦是现代主义风格建筑的经典案例。除了在透明的玻璃幕墙下可见的建筑结构外，这座建筑没有任何装饰，这恰恰展示出其作为办公建筑所具有的功能。

后现代主义风格的细部装饰

图中办公楼顶部超大尺寸的中断式三角楣饰是后现代主义风格的典型细节。它参考了过去的建筑，但几乎是以一种玩笑的方式，而不是对早期建筑进行精确复制。其他流行的后现代主义风格的细部装饰包括超大尺寸的柱子、檐口和山墙以及明亮色彩的使用。

城郊住宅

在大型建筑中发展迅猛的现代主义风格对普通住宅的风格影响较小。图中这座建于 20 世纪 40 年代的房屋采用的是起源于 18 世纪的帕拉第奥式风格和新古典主义风格。

一座建筑使用的材料在很大程度上会影响到建筑的外观。同时，材料也会直接影响建筑的建造方式，是确立不同建筑风格的一个关键因素。例如，如果没有混凝土基础和钢结构框架，摩天大楼就无法建造。本部分将介绍一些主要的建筑材料，如石材、木材、玻璃和钢材，并探讨它们的使用和发展对建筑领域的影响。此外，还对不同材料在装饰上的应用进行了探究，这将对我们感知建筑的方式产生巨大的影响。

不同的细节

我们在感知建筑时，会因为建筑材料的不同而产生巨大的差异。图中所示为建于17世纪中期的美国马萨诸塞州的房屋，和许多同一时期的欧洲房屋一样，它有一个凸出物，但它侧面的木质壁板使它看起来和欧洲的房屋大不相同，当时在欧洲流行的是裸露木构架的做法。

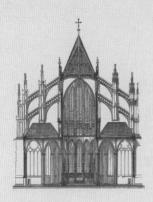

石材的优点

哥特式大教堂（如图中这座在科隆的教堂）都有很高的拱顶、飞扶壁和巨大的彩色玻璃窗。这些都是在增加了对石材结构潜力的理解之后才被创造出来的。哥特式风格的建筑师明白，石材结构的关键点在加固结构上，这种加固结构能够确保在建筑中创造开阔的空间。

装饰性的木框架

某些材料的固有特性会形成独特的装饰效果。可以看到，图中这座 16 世纪位于法国博韦的房屋的框架远比为了获得稳定的建筑结构所需要的框架复杂，而且这个框架展示了深色木材结合浅色石膏填充图案所创造的装饰效果。

老建筑构件

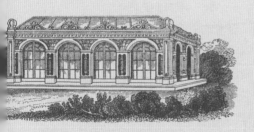

材料可以被重复使用，无论是出于经济目的还是出于纪念目的，都可以将一座建筑与更久远的岁月相联系。从古罗马废墟抢救出来的建筑材料，或称为老建筑构件，往往显得尤为珍贵，就像图中这些用在教堂中的科林斯柱一样，因为它们代表了古罗马的辉煌。

隔离的温室

随着制造技术的发展，特别是 18~19 世纪早期用于建筑结构的金属和玻璃的生产，使得建造类似图中这座英国奥尔顿的温室的全玻璃结构建筑成为可能。温室中提供的人工加热技术可以使娇嫩的植物在寒冷的冬天也持续生长。

MATERIALS

建筑材料·石材

　　石材是最古老、最常见的砌墙材料之一，尤其适用于宗教建筑和主要的市政建筑。石灰岩和各种各样的大理石最易于雕刻，但砂岩、花岗岩和轻质火山岩（凝灰岩）也常被使用。砂浆由石灰膏或水泥等胶凝材料与水混合而成，能够起到黏接砌块和密封缝隙的作用。如果石头之间结合很好，那么不需要用砂浆砌石，但这种"干石"砌墙技术通常只在围墙上使用，因为它们不能完全防风雨。

巨石工程

巨石工程因神话中非常强大的独眼巨人而得名。在巨石工程中，巨大的石块被精心雕刻后堆砌在一起，而且不使用砂浆来黏接。较为早期的古希腊建筑，例如迈锡尼狮子门（公元前 1300 年），在建造过程中使用了非常巨大的石块，可能是因为担心较小的石块无法严密地堆砌在一起。

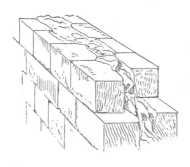

料石

料石是指那些雕刻规整的、按一定规律摆放的长方形石块。料石墙体通常用水泥或小碎石作内芯，通过砂浆黏接在一起，这样可以提升墙壁的稳定性，同时也能节约砌墙成本。

蚀砌

蚀砌是一种砌石技术，它可以使每一块石块看起来更明显，从而使墙体表面产生三维的效果。该技术可用于整面墙壁，如图中所示的意大利维琴察的蒂恩宫，或只是用于某些建筑细节上，如楼层低矮处、建筑转弯处或入口处。

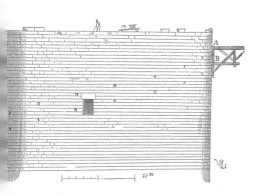

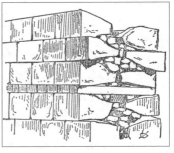

脚手架跳板（短）横木

中世纪的砌体结构是通过使用支承在建筑物自身上的脚手架搭建起来的，建筑物上有一系列的孔洞。这些孔洞是脚手架跳板横木插入的地方，是留在砖块之间的方形孔洞。这些孔洞并不总是被填平，因此今天仍然可以见到。

毛石墙体

我们完全有可能使用小的或不均匀的小块石头来建造石墙，这种墙被称为毛石墙。小石块既可以被规律地铺放成一层同一种尺寸的模式，也可以被随机铺放成拼图的模式。大些的"贯穿"石常常被添加到墙里，以使墙更稳固。

建筑材料·砖块

风干的土坯作为建筑砌块已经在气候炎热干燥的国家使用了数千年，但是通过烧制泥土来制作耐候砖的想法大约是在公元前 3000 年才产生的。砖块的使用贯穿了整个罗马帝国，但相关的技术却随后消失在北欧，直到中世纪晚期才重新出现。砖块是一种时髦而昂贵的材料，是低地国家、波罗的海沿岸国家以及英国部分地区晚期哥特式建筑的特征。

随着生产技术的改进，砖块的价格变得更便宜了，因此在 18~19 世纪的英国，它开始成为主要的房屋建筑材料。

罗马砖

罗马砖很容易识别，因为它们比现代砖更窄更长。虽然意大利建筑往往是完全用砖块建造的，但在罗马帝国北部地区，砖块经常与当地的石头混合使用，从而创造出一种带状的装饰效果，就像图中这座法国剧院的拱门。

砖块与石材搭配

在北海和波罗的海沿岸缺乏木材的地区，砖块常被用于建造精致的建筑，例如波兰格但斯克的军械库（1602—1605 年）。石材装饰可以实现砖块无法实现的雕塑细节，而且可以在浅色石材和深色砖块之间形成令人愉悦的对比效果。

异形砖

中世纪晚期的砖匠制造出了形状精致的砖块，它们可以组合在一起，形成复杂的图案和形状，例如图中所示桑伯里城堡的烟囱上所使用的砖块。该城堡位于英国格洛斯特郡，建造于 1514 年。在这一时期，异形砖还被用于拱券、门和窗。

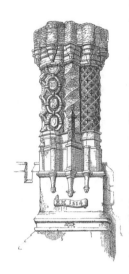

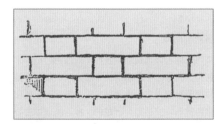

砖块砌合法

将砖块的长边（顺砖）和短边（丁砖）交替朝外能砌出一堵更坚固的墙，这种排列方法被称为砖块砌合法。如图所示，荷兰式砌合法在每一排都有丁砖和顺砖。英国式砌合法交替使用顺砖和丁砖，美国式砌合法用一排丁砖搭配几排顺砖。

彩饰的砖块图案

砖块的颜色在很大程度上取决于黏土的类型，但入窑烧制的温度也会对其造成影响。造砖技术的改进在很大程度上消除了意外的颜色变化，而中世纪和早期的现代建筑师们却利用这种颜色变化创造了装饰性的彩绘（多彩的）效果，就像图中这个鸽棚上的斜线、菱形和花纹图案一样。

建筑材料·装饰砌体

长期以来，建筑师和建造师们一直致力于尝试不同的材料组合应用，实现既满足建筑结构需求又达到装饰效果的目的。砌体结构将多种颜色和纹理很好地结合在一起。石材也可以与其他材料（特别是砖块）结合，用以加强薄弱环节的牢固性并在质地和颜色上创造出令人赏心悦目的对比效果。多彩的装饰砌体在各个时期都特别流行，因为它们可以通过组合来实现相似材料的不同颜色；而将不同材料组合还可以实现纹理方面的变化，从而创造出惊人的效果。

多彩的砌体

装饰效果可以通过使用各种不同颜色的石头来获得，就像图中所示的位于意大利帕维亚的圣彼得罗教堂，它的拱和拱肩的装饰是用亮色和暗色的石块交替砌合而成的。多彩的砌体主要在意大利建筑中得到应用，但在其他地区也有应用。

壁柱

英国盎格鲁－撒克逊人的塔楼有一种凸出于墙面的、有长有短的装饰条，被称为壁柱。它们可能是有意模仿装饰性的木质框架，也可能是为了在装饰条之间填充石膏，创造出一种更富装饰性的效果，覆盖毛石砌体墙。

柯斯马蒂工艺

柯斯马蒂家族是一个 12~13 世纪在罗马从事手工艺的家族，尤其善于使用大理石、玻璃、镀金工艺和马赛克制作复杂的镶板图案，营造出一种极其丰富和美观的效果。科斯马蒂工艺被应用在各种建筑表面，包括地板、神龛甚至是柱子的表面，比如图中这座拉特兰圣约翰大教堂的柱子。

燧石闪亮工艺

在燧石被敲碎或劈开时，会露出黑色、有光泽的表面。中世纪晚期，英国东英吉利地区在其他石材缺乏的情况下，石匠们用敲碎的燧石填充窗饰图案并结合其他更昂贵的白石灰石制作花纹，创造出两种颜色的对比效果，被称为燧石闪亮工艺。

隅石

砖砌的建筑往往使用石块或隅石来装饰角落和窗周围。隅石有助于加固建筑拐角，同时也提供了一个饰面。除此以外，隅石还可以用来加固石砌墙体的拐角，不论是由小石块还是大小不一的石块修建起来的墙体拐角，都可以由隅石来加固。

建筑材料·木材

在英国、法国北部、德国、斯堪的纳维亚、北美以及其他森林资源丰富的国家和地区，木材是最常见的材料，至今仍是如此。传统的木质框架是由精心切割的榫卯结构连接在一起的，但是从19世纪早期开始，钉子已经开始普遍使用了。现代结构的建筑通常覆盖着其他材料，如外部的木质壁板和灰泥内部隐藏框架，但在历史上，框架通常是暴露在外的。近年来，人们对传统木结构建筑的建造方法，尤其是使木质框架暴露在外的建造方法重新产生了兴趣。

装饰性框架

不同类型的框架与不同的地域相关，因此这些变化可以用来鉴别建筑物的产地。例如，图中这座建于16世纪的位于英国柴郡的小莫尔顿庄园，具有鲜明的、紧密图案的装饰性框架，这是英格兰西北部建筑的典型特征。

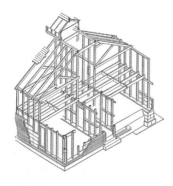

建筑结构

木质框架非常牢固，因为它是由水平方向的梁和垂直方向的、由斜撑加固的壁骨支承的墙板组成的。图中这座现代的框架式房屋使用的木材比中世纪房屋使用的木材小得多，但它们搭建框架的方式是一样的。框架外部覆盖着水平方向的木质壁板。

半木结构

半木结构是一个专用名词，有时用来指像图中这座位于约克郡的中世纪英式房屋这样的建筑，它的较低楼层使用石材建造，较高楼层使用木质框架建造。半木结构有时也被用来指那些木质框架暴露在外、框架之间的空间填充其他材料（如石膏或砖块）的建筑物。

建筑物的悬挑结构

传统的木质框架建筑的上面几层通常使用一个叫作悬挑结构的悬臂状突出物来进行建造。悬挑结构可以使上部的楼层比下部的楼层向外突出。建筑物的悬挑结构节省了地面上的空间，而且非常时尚。高档的城市住宅往往有多个这样的建筑物悬挑结构。

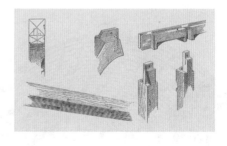

榫卯结构

榫卯结构是靠凹凸部位相结合连接两块木材的传统方式。榫被插入卯，并用销钉固定。空的卯有独特的孔，是一座建筑在某种程度上被改建过的标志。

在建筑设计领域，金属的大规模使用是从 18 世纪末才开始的，那时，铸铁柱刚被发明。铸造的和锻造的铁制品被应用于大跨度的屋顶和地面建造中，比如火车站、博物馆和公共建筑。但是，铁制品的承载能力是有限的，它需要砌体墙作支承，这限制了整体建筑的高度。建筑师还尝试了铸铁细节装饰的可能性，尤其是在屋顶和室内装饰中。随着技术的迅速进步，19 世纪末发展起来的钢结构为在建筑中引入独立支承的钢框架提供了可能，于是，高耸的摩天大楼横空出世了。

铸铁的屋顶

与木材相比，铁足够坚固，它不会下垂也不会弯曲，而且铸铁技术使得大跨度的屋顶成为可能。例如，图为 1851—1852 年建于英国伦敦的国王十字火车站。该建筑的内部没有柱子，这一点非常重要，因为如果一列火车脱轨撞上柱子，整个屋顶就会坍塌。

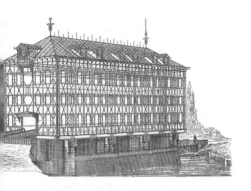

斜撑结构

如图所示,斜撑结构被用来建造了最早的、能实现自身支承的、多楼层的铁框架建筑物之一——位于法国诺伊赛尔的梅尼耶巧克力工厂(1870—1871 年)。支架之间的空间里填满了砖块,但就像它所效仿的木质框架建筑那样,填充的砖块不起结构作用。

仓库的立面

铸铁立面在 19 世纪很流行,尤其是在工厂和仓库的建造中。图中这个来自美国纽约的案例说明了原因:不仅是因为铸铁成型的成本低廉,还因为铁有很好的耐火性。此外,铸铁材料还可以用来制造大型的窗,能达到复杂而微妙的装饰效果。

混合材料

位于意大利米兰,建于 1865—1872 年的维托里奥·伊曼纽尔二世购物中心,充分利用了铁制品和石材、玻璃相结合所产生的结构和装饰上的潜能。底层的商店和外立面上丰富的装饰细节与建筑上方的全玻璃屋顶及复杂的铁艺窗饰相得益彰。

早期的摩天大楼

世界上最早的全钢框架建筑之一是位于纽约的美国担保大厦,建于 1894—1896 年。缅因州花岗岩的外墙作为建筑幕墙,但不起支承作用。它最初有 23 层楼,有创新的箱形基础,并采用了沉降而不是挖掘的方式,以减少对邻近建筑物的影响。

建筑材料·混凝土

混凝土一般由水泥、水、沙和小卵石或碎石混合而成，有时还会混入火山灰或灰渣，然后将它们放在木模中成型，待硬化。它制作简便、成本低廉、坚固防水且几乎可以被制作成任意形状。混凝土使罗马人可以建造穹顶和多层建筑，几乎是所有现代建筑的核心。钢筋混凝土是将混凝土用铁或钢筋加固，最初在 19 世纪中期出现，它结合了混凝土的抗压强度和金属的抗拉强度。

古罗马混凝土

古罗马万神殿（建于 118—128 年）的穹顶是由砖和混凝土建成的。使用方格镶嵌的顶棚不仅有助于打破穹顶内部表面上的视觉沉闷感，还可以通过将外壳局部变薄的结构设计来减轻整体重量。

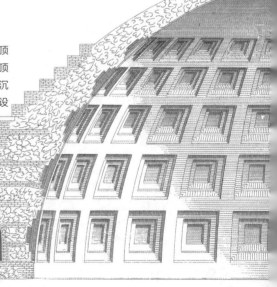

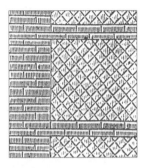

方锥形石块饰面

混凝土上常常要覆盖其他材料。古罗马人使用一种叫作方锥形石块饰面的方法来建造墙壁，为装饰面提供了良好的基础，比如灰泥粉刷或大理石贴面。如图，广场砖或广场石以斜网（方锥形）的图案镶嵌在混凝土中，有时会与直条状的砖块相连接。

着色混凝土

由于具有浇筑的特性，混凝土从 19 世纪中期以来一直被用于建筑的细部，如三角楣饰、扶手和栏杆，且通常会被着色。如图所示，伦敦的改革俱乐部的建筑细部是用石头雕刻的，但许多其他建筑会使用着色的混凝土来模仿这些元素。

裸露的混凝土

20 世纪，对裸露的和未着色的混凝土的装饰潜能的开发导致了粗野主义运动。彩色混凝土，如 1970 年启用的澳大利亚堪培拉国家钟楼所用的超白混凝土，也可以用来创造装饰效果。

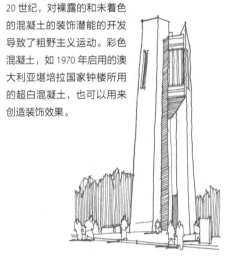

创新的形状

混凝土最大的优点之一，是它可以被塑造成高度复杂的形状。1959 年，由弗兰克·劳埃德·赖特建于美国纽约的古根海姆博物馆，是最早用混凝土进行非直线形设计的建筑之一。它以鹦鹉螺壳为原型进行设计，建筑的内部和外部都是曲线形的。

建筑材料·玻璃

玻璃主要用于窗、门和屋顶等建筑部件中，它们的框架结构是用其他不易碎的材料制成的。早期的玻璃非常昂贵，而且很难生产出较大尺寸的产品，所以独立的玻璃窗都是很小的。玻璃窗曾于罗马时代被使用，但之后大多消失了，一直到中世纪才重新出现。18世纪晚期和19世纪早期，玻璃制造技术得到改进，加上政府免除了对装玻璃窗所征收的重税，从19世纪中期开始极大地鼓励了对更大尺寸窗的应用。在嵌入式幕墙等建筑技术取得更大进步的20世纪末，全玻璃幕墙建筑的建造成为可能。

幕墙

现今流行的全玻璃幕墙建筑是基于幕墙技术才得以实现的。这种建筑本身是靠钢筋混凝土的框架来支承的，它的外墙附着在框架上，因此不承受任何重量。如图，德国德绍的包豪斯校舍（1925—1926年）就是一个早期的案例。

马赛克

古罗马人发明了一种在地板或墙壁上用数以百计的小方形彩色玻璃瓷砖制作图画的技术，叫作马赛克，有时还会用金箔制作的背景来使其显得更加富丽堂皇。这项技术在早期基督教和拜占庭时期得到了进一步的发展，创造出了自然主义的图画，就像图中所示的这些意大利拉文纳的图画一样。

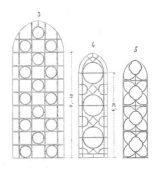

染色玻璃支架

中世纪的染色玻璃窗是由许多不同颜色的独立玻璃片组成的。这些玻璃由铅条或铅棂固定在一起，对玻璃的加固支承由铁质的边框或支架提供，这些结构本身常常是窗设计的一部分。

小格窗

中世纪晚期和现代早期的窗中，由铅条固定在一起的小窗格是当时制作大片玻璃存在困难的必然产物。16 世纪晚期，像图中所示沃莱顿府邸这样的英国大房子，玻璃窗数量众多且极其昂贵，彰显了其主人威洛比家族的富庶。

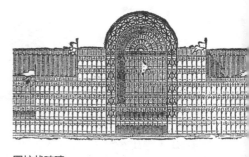

圆柱状玻璃

为 1851 年伦敦世界博览会建造的水晶宫，由不计其数的玻璃和铸铁框架组成，使用了超过80000 平方米工业制造的圆柱状玻璃，这些玻璃被安装在一个铸铁框架上。它为适用于私家住宅的小规模温室的推广做出了贡献。之后，水晶宫于 1854 年搬迁至伦敦南部，1936 年被烧毁。

屋顶材料必须防风抗雨且耐用，因为保持建筑物内部的干燥是保持其结构长期稳定的关键。符合这些要求的屋顶材料非常多，包括用木头做的瓦（木瓦）；各种陶瓷材料；石头、茅草等天然材料；金属，尤其是铅和波纹铁；各种现代材料，如沥青等。材料的选择要根据气候条件而定。这些材料都有各自的装饰效果，改变一栋建筑的屋顶可以对其外观产生巨大的影响。

筒瓦和板瓦

古希腊和古罗马建筑的屋顶瓦片是由两个部分组成的：平坦的四边微微凸起的板瓦和覆盖在其连接处的弧形条状筒瓦。在后罗马时代，平坦的板瓦通常被回收并与石头混合在一起用作墙体材料。

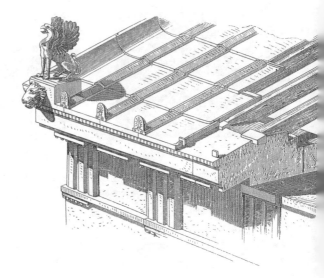

茅草屋顶

茅草屋顶是用芦苇或稻草紧密地绑在一起形成的厚厚的覆盖物，是一种非常耐用的屋顶材料。它通常可以使用几十年才需要更换，而且在很多地区是传统的建筑材料。茅草屋顶往往越厚越好，它们可以被塑造成越过天窗的形状并形成装饰图案。

铅制品

哥特式建筑中铅制屋顶的使用对建筑设计产生了巨大的影响，使得屋顶的坡度更平缓成为可能。因为与瓦制屋顶或茅草屋顶必须设计成陡峭的坡度以便于排水不同，铅是一种连续的材料，可以排布在更平坦的表面。

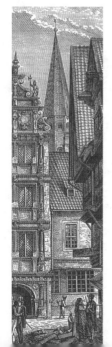

波形瓦

波形瓦具有独特的曲线形状，最常见的是由赤陶土制成的橙色的类型。在欧洲的大部分地区，波形瓦都是一种流行的屋顶材料。它们为屋顶打造出非常独特的波纹外观，而它们明亮的颜色很容易被识别出来。

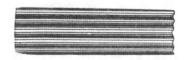

波纹金属板

波纹金属板是一种简单又廉价的屋顶材料，尽管不甚美观。它被广泛用于农场建筑和临时建筑，通常被铺设在沥青纸或屋顶毡上，起到防潮的作用。

建筑材料·外墙覆盖物

某些建筑会将它们内在的构造展示在外面，而大多数建筑则不会。通过隐藏建筑结构，覆盖物可以给建筑带来一个完全不同的外观。许多材料都可以用作外墙覆盖物，其中最常见的是石膏灰泥，通常用图案和木材进行装饰。水平方向的护墙板和挡雨板，也被称为壁板，都是最常见的木质外墙覆盖物。木砖和木瓦也经常被使用。还有许多其他的覆盖物，包括仿木材料，例如聚氯乙烯（UPVC），以及石材和仿石材。

壁板

你可以通过独特的水平方向的带状图样来辨认出木质壁板。它可以被涂上颜色，就像图中这样，也可以裸露在空气中，变成诱人的灰色。杉木、松木和橡木壁板都很常见。近几年，铝和聚氯乙烯合成材料的壁板也有使用。

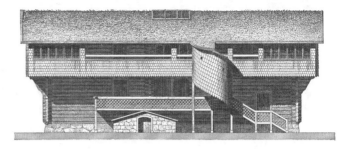

护墙板

木质壁板主要有两种类型：护墙板和挡雨板。护墙板，如图所示，通常使其逐渐变薄成具有锥形断面的挡板，以使这些挡板能够重叠起来。挡雨板是用相同厚度的锯板制成的。然而，这两个术语经常被互换使用。

鱼鳞状木瓦

木瓦就是小型的木板或木质瓦片，可被用于屋顶或墙壁的覆盖物。像护墙板一样，它们的一端比另一端厚，而且通常是矩形的，但它们也可以被设计成其他形状，比如图中这些来自瑞典的鱼鳞状的木瓦。

涂饰

在 16 和 17 世纪，木质框架的建筑物通常覆盖着灰泥或抹灰，然后可以通过将它们涂成装饰性图案对建筑物进行装饰，称为涂饰。图中这个例子来自英国牛津的一所房子，它带有带状和藤蔓装饰图案，同时也使用了纹章图案、几何图案和人物场景。

石质覆盖板

这座 20 世纪 30 年代的美国房屋的底层用石质薄板（或有时用其他材料制成的仿石材）覆盖在砖墙外面，使建筑看起来更精致，尽管建筑侧面裸露着的砖暴露了建筑的真实材料也无伤大雅。建筑的上层覆盖着简单的木质壁板。

人们通常会用一些材料将墙壁的内面覆盖起来，这样既可以保护墙壁，又能在表面取得一个装饰性的效果。最简单的内墙覆盖物是单色石膏，但石膏也可以用图案或人物场景进行装饰，或盖上挂毯、贴上壁纸，或对其进行凸起装饰。木质镶板是另一种流行的内墙覆盖物，因为它非常耐用，而且可以用丰富的图案和装饰造型来制作。内墙表面的处理方式随着时间的推移发生了很大的变化，这使它们变成了有用的判断时间的工具。这里介绍一些主要的内墙装饰类型。

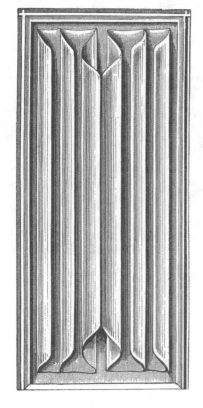

折布式镶板

折布式镶板是一种木雕，看起来好像是用非常薄的折叠布制成的。它流行于 15 世纪晚期和 16 世纪，用于内墙镶板和门的制作。这一类型的镶板在 19 世纪获得重生，因为它被视作哥特式复兴风格的一部分。

壁画

对图案化的墙壁覆盖物的迫切要求远在 18 世纪壁纸推广之前就已存在。在罗马式和哥特式建筑中，场景和图案是直接画在墙上的。在北欧，壁画通常绘制在干石膏上，而湿壁画（画在湿石膏上）主要在意大利流传。

分区的镶板

图中这个 18 世纪早期的楼梯安装了用于分区的木质镶板。通过凸起的、围绕着平板的线脚，它的表面被分为独立的区域，分区的镶板因此得名。通过把墙分成上部区和下部区，设计师创造出一种平衡和均衡的感觉。

混合的媒介

绘画和雕塑可以放在一起使用，以创造出更丰富、更精致的装饰效果，也可以区分不同类型的人物。在 16 世纪位于罗马的巴洛克式耶稣教堂，雕刻的寓言人物代表着美德，而绘制的壁画描绘了圣徒的圣迹。

整体装饰

图中这个模仿 17 世纪后期风格的 19 世纪比利时室内设计有着非常精致的墙体处理手法，包括壁龛、仿大理石的效果、框架式的镶板（可能计划用于安置绘画）、错综复杂的石膏飞檐以及精致的壁炉架。此外，它的顶棚也有大量的装饰。

建筑材料·顶棚

顶棚被定义为房屋内部在屋顶或楼板横梁底面加的一层覆盖物。顶棚可以用各种材料包括金属来制作，但是木材和石膏是最常见的顶棚材料。它们可能被画上各种场景，或用石膏和雕刻的木头设计制作成不同类型的造型。墙与顶棚之间的接头处常常被成型的石膏或雕刻的木质檐口隐藏起来。

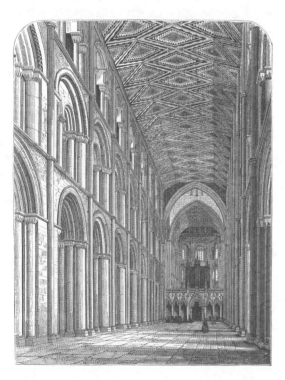

彩绘的木质顶棚

不是所有中世纪的大教堂都是拱形的。英国彼得伯勒大教堂的中殿有一个 13 世纪早期的木质顶棚，上面绘制了黄道十二宫的符号和其他图形。通过近期的清洗和恢复可以看到，这是一种可能曾经很流行、现在却很罕见的、幸存下来的顶棚类型。

裸露的房梁

在较小的中世纪房屋中，楼板横梁的底面常常裸露着，成为一种装饰性的顶棚。这些木质横梁可以被雕刻得像石质横梁一样精美。图中这个顶棚上有绳索和方钢的造型，还有个精致的凸台，其上有风格化的叶子形状图案，上面涂满了油漆。

方格镶嵌

方格镶嵌是一种在凹正方形中满布花纹的装饰形式，它首先在古罗马时期得到应用，后来又在文艺复兴时期得到复兴。它是专门用于顶棚、拱顶和穹顶的室内装饰。无论是方格的框架部分还是中心部位，通常都有装饰，带来一种非常丰富华丽的效果。

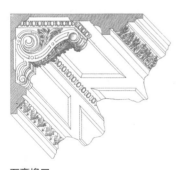

石膏檐口

精美的石膏檐口是 18~19 世纪室内装饰的一个重要组成部分，并且有助于隐藏墙壁和顶棚之间的结构连接。图中这个 19 世纪晚期的案例使用了新古典主义风格的元素，如托饰和分区镶板，以及叶带饰、串珠饰和用棕叶装饰的花状平纹。

顶棚圆花饰

大多数 19 世纪的房屋都在顶棚的正中央以及围绕边缘的地方布置了石膏装饰。特别是悬挂灯具的接口，都在装饰性的石膏圆形浮雕下面，叫作顶棚圆花饰。大多数的顶棚圆花饰都是圆形的，但是也有一些更复杂的形状，比如图中所示的案例。

建筑材料·地面

地面是建筑的一个基本组成部分，也是我们走在上面去寻找其他建筑特色时很容易忽视的部分。最基本的地面只需要使用泥土作为原料，将其夯实，使其坚固，这样的地面有着令人惊讶的、干爽舒适的脚感。其他材料，如木材、瓷砖和石板等则更耐用，并且有独特的装饰花纹和图案，同时也适用于高层建筑。某些类型的地面和一定的时期、一定的风格有关，如马赛克地面就是古罗马和早期基督教风格建筑的显著特征。

马赛克地面

有着精美场景和画面的马赛克地面在古罗马和早期基督教风格的建筑中非常流行。图中这个早期基督教风格的教堂有精致的马赛克地面，上面铺设了一系列复杂的几何和花卉图案。祭坛上面以及周围的墙壁上也铺满了带有人物形象的马赛克。

中世纪瓷砖

瓷砖在中世纪的教堂和豪华住宅中是很流行的地面材料。几何图案和人物图案都很常见。而造型独特的瓷砖常常被设计用来创造环环相扣的图案，如图中所示。不同颜色的釉被用来增强图案效果，并创造出复杂的设计样式。

泥土地面

图中这座中世纪的大厅是一个具备吃饭、睡觉、烹饪等功能的房间，极可能就有一个被夯实了的泥土地面。灯芯草混合着散发甜蜜香味的药草被铺设在泥土地面之上，为人们的脚下提供了柔软的覆盖层。这些覆盖层每年都会更新好几次。

人造石

人造石是一种彩色的黏合制品，由石膏、彩色颜料和胶料或胶水组成。它可以被抛光出近似大理石的光泽。人造石在 17 世纪和 18 世纪非常流行，被用来制作仿大理石的墙壁和带图案的地面，比如图中这个由罗伯特·亚当设计的作品。

浴室瓷砖

将水管引入室内并养成规律洗漱的习惯直到 19 世纪才变得普遍。与此同时，存在于环境中的各种细菌被人们认知。这导致了卫生清洁方面的压力和浴室、厨房的表面对易清洁的带釉瓷砖的需求。图上这些小马赛克瓷砖为地面和墙壁创造了一个完全可以水洗的表面。

柱身与柱头·综述

柱子就是一个垂直的轴。它常常成排使用以支承水平过梁（柱廊）或一系列拱（拱廊），也可单独使用，如用来支承雕像。柱子通常是圆形的，也有方形或者多边形的。柱子和地面之间的过渡通常由一个柱础来完成，而柱子与其上部的墙体之间的过渡则由柱头来完成。柱础和柱头都可以帮助分散柱子的荷载，以使柱子更稳定。此外，柱子还为人们提供了垂直和水平之间的视觉过渡带。

纪念柱

罗马人喜欢使用独立的柱子来纪念伟人和英雄事迹。罗马的图拉真纪念柱建于 112 年，用于纪念罗马皇帝图拉真胜利征服达西亚。这种形式在新古典主义时期的纪念碑中得以再现，如伦敦的纳尔逊纪念柱和巴黎的巴士底广场七月柱。

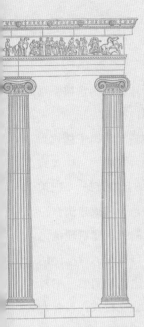

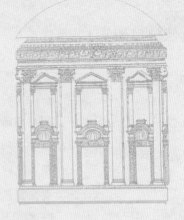

作石柱用的鼓形石块

柱子通常看似由一整块条石做成，但事实上它们是由大段的石柱或鼓柱拼接而成。由一整块石材做成的柱子称作"整体式"，在哥特式建筑中比较常见。

壁柱

壁柱是高高的、扁平的带状结构，与柱头和柱础一起附着在墙壁上。它看起来像柱子，但不起结构上的作用。如图，黎巴嫩的巴克斯神庙建于2世纪，庙中的壁柱是和柱上楣构一起使用的，它也可以和拱门一起使用。

梁托

固定在墙上，且没有底层柱的柱头柱称为梁托。在罗马式和哥特式建筑中，梁托用于支承屋顶、拱顶、拱门和雕像。图中这个梅尔罗斯修道院的英式梁托支承着一根小圆柱，它是拱顶附墙柱的一部分。

卷涡

柱头的上部转角处突出的卷状装饰被称为卷涡，它有助于在柱子和顶墙之间形成一个过渡。卷涡往往被雕刻成卷曲的叶子，但更风格化的形状（包括奇形怪状的头部形状）也有应用，如图中这个文艺复兴时期的柱头。

柱身与柱头·古典柱式

古希腊和古罗马时期柱的设计和比例是被一系列规则所约束的，这些规则被叫作柱式规制。它规定了五种主要的柱式：多立克柱式、塔司干柱式、爱奥尼柱式、科林斯柱式以及组合式柱式。柱式规制在文艺复兴时期被重新发现，并且被莱昂·巴蒂斯塔·阿尔伯蒂在他1452年的论著《论建筑》一书中进行了梳理，这是文艺复兴的关键建筑理论之一。人们认为，这些柱式有着各自独有的特征，适于不同类型的建筑。例如，相对来说最简洁的多立克柱式代表着力量，而科林斯柱式则表现出特别柔美的气息。

多立克柱式

通过檐壁，可以轻松地辨识出多立克柱式，它的檐壁上有交替出现的平面或经雕刻的陇间壁和带凹槽的三陇板。三陇板是木屋顶梁末端的程式化装饰。柱头非常简洁，而且一些古希腊早期的多立克柱式没有柱础。

塔司干柱式

塔司干柱式，是意大利主要的柱式类型。它与多立克柱式类似，但檐壁完全无装饰，柱头稍微复杂一些，带有凸出的半圆线脚。这种柱式在文艺复兴时期颇为流行，大型的塔司干柱式称为巨型柱式。

爱奥尼柱式

通过其特有的卷涡装饰柱头，可以将爱奥尼柱式辨认出来，相传这些卷涡看起来像一个"卷起的枕头"。与其他柱式不同，爱奥尼柱式的正面和侧面并不相同。它的柱身通常有凹槽，檐壁有时朴素，有时用雕刻装饰。

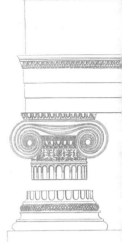

科林斯柱式

科林斯柱式的柱头覆盖着一排排莨苕叶饰，在转角处的叶子卷曲成卷涡。科林斯柱式有古希腊和古罗马两种版本：古希腊科林斯柱式的柱身通常是有凹槽的，而古罗马科林斯柱式的柱身是平坦的。

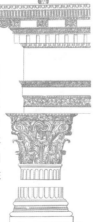

组合式柱式

组合式柱式是由古罗马人发明的独特的柱式，同时也是最丰富、最华丽的柱式。这种柱式融合了科林斯柱式和爱奥尼柱式的特征，既有莨苕叶饰又有卷涡装饰。这种柱式的檐壁和柱上楣构也用浮雕装饰得富丽堂皇。

4 世纪，基督教成为罗马帝国的官方宗教，期间建造了大量的教堂。其中大多数教堂效仿通道式巴西利卡布局形式（起源于一种罗马公民建筑类型），由柱子支承内部拱廊。最初，早期基督教建筑的柱头和柱身非常类似古罗马柱式，但是后来，反映基督教的符号意义和精神象征的新式柱头得到发展。随着罗马帝国最终解体，其政治重心被迫东移，来自东部的新建筑影响更加突出，因而拜占庭建筑形式便以一种全新的、独特的方式发展起来。

东部的繁荣

后罗马时期，基督教建筑受东部建筑的影响以及其丰富的创造力在 6 世纪意大利拉文纳的圣阿波利奈尔教堂和圣维塔利教堂中有所体现。教堂主要中殿的拱廊柱子是大理石的，有"被风吹扫的"树叶形柱头。这种柱头来源于科林斯柱式但不是效仿，而附墙柱柱头的叶饰有丰富的层次。

爱奥尼式柱廊

在这座巴西利卡式教堂中，爱奥尼式柱廊支承着纵深的柱上楣构，使这座建筑很适合作为基督教堂使用。它创造了一种非常丰富却又有所克制的效果，更接近于经典的传统作品而非后期受东部建筑影响的作品。

老建筑构件

老建筑构件（指重复利用的材料）的存在解释了古希腊塞萨洛尼基的圣迪米特里奥斯教堂的柱头那略显突兀的外观。柱头的主体部分，即带有精细雕刻和皇家鹰状标饰的下半部分，被放置在一个全新的基督教背景中，柱头上方的雕刻显得非常粗糙。

褶皱形柱头

这种柱头来自君士坦丁堡（今伊斯坦布尔）的小圣索菲亚大教堂，看起来好像一块被柱子聚集成褶皱的织物。褶皱形柱头上纺织般的枝蔓图案交互缠绕，被称为蕾丝工艺，进一步增强了装饰效果。

适应与组合

调整旧的建筑形式可以适应新的宗教及其象征意义。例如图中这个来自意大利威尼斯的圣马可教堂的柱头，展示了如何将莨苕叶饰、卷涡和丰富的线脚与中心十字架相结合。其中那种非常平坦但是雕刻很深的叶片是典型的受到东部建筑影响的装饰元素。

柱身与柱头·罗马式建筑

随着罗马帝国的灭亡，石材建筑技术在欧洲北部大面积失传，这个时期的石材建筑与古罗马时期相比简单了许多。在 10 世纪末和 11 世纪初，地中海地区的艺术和文化出现了某种程度的复兴。罗马式建筑风格是这次艺术和文化复兴的一个产物，它将早期的古罗马风格——尽管大为简化——与更具装饰性的、流行于北欧原住民部落中的几何图案结合起来。

细长柱

细长柱是一种小型的柱子，完整配备有柱础和柱头，起装饰作用而不起结构作用。细长柱是罗马式和哥特式建筑的一个独有特征，用于装饰窗、门和较大的柱子。如图所示，细长柱被应用在法国卢皮亚克罗马式教堂的窗上。

贝壳饰柱头

贝壳饰柱头是一种又宽又浅的、带有一系列类似贝壳边缘凹槽的柱头形式。图中这根来自英国牛津郡伊斯利普主教教堂中殿的束柱式支柱，其圆柱形核心柱身被四根较小柱身的柱子围绕。

叙事内容柱头

罗马式风格柱头的平坦表面通常雕刻记录重大事件或历史故事的图案。最为流行的图案内容是关于传奇故事和对美德与罪恶的描述。怪诞离奇的人物也常常成为装饰元素。

装饰柱

如图所示，用几何图案来装饰柱身是罗马式建筑的明显特征。当时非常流行螺旋形和之字形，这可能与古罗马的老圣彼得教堂的螺旋柱有关，但是柱子不必成对设置。

雕像柱

用于装饰门框的柱子通常被拟人化（表现为人的形象）为圣徒和圣经人物的雕像，这在法国和西班牙的罗马式建筑中表现得尤其突出。这些人物形象结合卷涡图案描绘了旧约中的先知，如图，来自西班牙的圣地亚哥大教堂的雕像柱。

柱身与柱头·哥特式建筑

　　与早期的罗马式建筑相比，哥特式建筑的建造和雕刻技术水平大幅提高，因此，哥特式建筑比罗马式建筑更轻盈、更精致。这尤其体现在柱身和柱头的雕刻上。早期哥特式建筑的柱头流行自然主义装饰，叶饰占主导地位。柱身通常被做成很多细柱组合在一起的束柱。晚期哥特式建筑的柱头变得极小，通常只有线脚装饰，因此建筑的垂直面显得很突出。

丰富的装饰

早期哥特式建筑的柱头通常将自然主义的叶饰、醒目的线脚和几何形状（如犬牙形或四瓣花形）结合使用，以营造出一种丰富的装饰效果，如图中所示位于英国的林肯大教堂中的建于13世纪的这组柱头图案。它使用黑色的波白克大理石制造出细柱，额外增加了装饰的丰富程度。

分离式柱

图中所示是 13 世纪英国哥特式建筑索尔兹伯里大教堂的一根柱子，由一根圆形的中心柱和围绕着它的四根分离式柱组成。这些分离式柱由柱础、柱头和柱环来固定，柱环是专门用来将分离式柱固定到中心柱上的弧形石质构件。

复杂的柱身

从结构上看起来像是由细柱组合在一起形成的束柱，在罗马式和哥特式建筑中十分流行。它们看起来各自由单独的石材制成，但实际上，这些细柱通常是由同一块石头雕刻而成的，以增强柱子的稳定性和强度。

模制柱头和柱础

在哥特式晚期，设计师在装饰柱头和柱础时不再使用丰富的叶饰，而是转向更加简洁的多边形装饰，它们使用许多小型线脚来获得装饰效果。柱身演变为细柱的复杂组合，给建筑带来一种强烈的垂直感，例如上图中的英国温彻斯特大教堂和下图中的坎特伯雷大教堂。

垂悬结构

柱头并不是连接拱和柱子或墙的必要结构。哥特式建筑中，这种被称为"垂悬结构"的结构有时会被用作柱头的替代品。这些结构在没有柱头的情况下逐渐过渡到墙或柱子，就像图中所示这个 13 世纪晚期或 14 世纪早期的案例一样。

柱身与柱头·文艺复兴与巴洛克时期

文艺复兴的一个主要特征就是重新使用严格定义的古典柱式,而不是使用更加奇特的哥特式,因为哥特式不受任何特定规则的约束。塔司干柱式和科林斯柱式在文艺复兴时期非常流行,因为它们被视为最能唤醒人们对古罗马辉煌的印象。意大利文艺复兴时期的建筑师常以古代建筑的废墟为基础进行设计,不过他们也在柱式设计中做出一些新的改进以适应新的用途,这在科林斯柱式中体现得尤为明显。在巴洛克和洛可可时期,建筑师们变得更加有创造力,他们摒弃旧的模式,以设计出新形式的柱头和柱身。

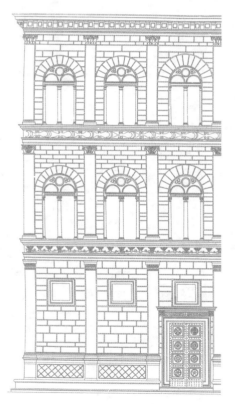

柱式的层级

不同的柱式具有不同的视觉属性,相对简单的多立克柱式和塔司干柱式让人感觉到力量,而科林斯柱式给人美感。如图中所示意大利佛罗伦萨的鲁切拉宫的正立面,在底层使用了多立克式壁柱,而在高层使用了科林斯式壁柱。

文艺复兴时期的壁柱

图中这根来自威尼斯一座教堂的文艺复兴时期的壁柱，是在科林斯柱式的基础上设计而成的。但是传统的莨苕叶饰只局限在柱头的转角处使用，中心位置采用的是更加具有自然主义风格的玫瑰花型装饰。壁柱表面的凹槽装饰已经被叶饰垂蔓所取代。

箍柱

文艺复兴时期的建筑师在古典风格设计理念的建构之下尝试着建立新的形式。其中一种新形式就是箍柱，即相间的石块较大，并且是粗琢的。这种形式是由法国皇家建筑师菲利伯特·德洛姆（1510—1570年）创造的，它在文艺复兴晚期和巴洛克建筑中占有重要地位。

洛可可式柱头

洛可可建筑师用轻盈的装饰元素设计出了新的柱头形式，以适应洛可可风格的精致。这种几乎是圆柱形的柱头，尽管在名义上基于科林斯柱式，但与科林斯柱式关系甚浅，不过这并不影响它的装饰潜力。

装饰柱

巴洛克风格建筑师将柱子同时作为结构元素和装饰元素来使用。例如，法国巴黎的圣保罗教堂和圣路易斯教堂正立面的柱子，令人难以置信地安置在三角楣饰上，并且精心设计了表面装饰，极大地增强了装饰效果。

柱身与柱头 · 复兴风格

18 世纪中期，学者们开始对古建筑进行详细的研究，绘制出精细的图样用于出版并进行广泛的传播。特别是像詹姆斯 · 斯图尔特（1713—1788 年）和尼古拉斯 · 雷维特（1720—1804 年）这样的学者，让古希腊建筑的价值得到凸显，他们的工作使人们广泛使用对古建筑的精确复制。人们认为，古希腊建筑有单纯的品格，这是后来的古罗马建筑所缺乏的，因此，古希腊建筑被认为特别适合新兴的民主国家，比如美国和法国。复兴风格通常是对古建筑的复制，但是最近越来越多的建筑师在柱式上进行着有趣的尝试，尤其是与大体量建筑的结合方面的尝试。

文物研究，爱奥尼柱式

18 世纪的出版物为我们提供了关于真实案例的许多细节资料，比如这个来自古希腊伊利斯的爱奥尼柱式。由于先前未知的建筑不断地被发掘并描绘出来，这使建筑师们可以精确地复制古建筑，引发了对历史准确性的重新重视，而且促进了建筑形式的拓展。

无柱础的多立克柱式

古希腊的多立克柱式没有柱础，而且相比古罗马的多立克柱式有更加沉重的柱身，它对 18 世纪的建筑师和学者来说是一个伟大的启示。它被看作未受古罗马颓废影响的、纯正的古典主义的代表，更是古希腊复兴风格建筑的重要特征，例如俄亥俄州议会大厦。

大不列颠柱式

对新古典主义时期柱式变化的研究导致了 18 世纪建筑师对新柱式设计的尝试。如图中所示的大不列颠柱式，包含了英国皇家狮子和独角兽的造型，而美国国会大厦则采用"玉米穗"柱式装饰，即用玉米穗代替了莨苕叶饰。

摩天大楼立面柱式装饰

早期的摩天大楼，例如纽约的美国担保大厦，被设计成类似巨大的独立支承柱的造型。它较低的楼层表示柱础，带有凸出檐口的较高楼层表示柱头，而垂直方向成排的窗形成了一种表面有凹槽装饰的"柱身"。

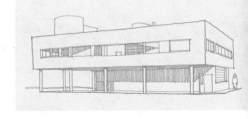

结构柱

到了 20 世纪，现代主义的建筑师废除了柱础和柱头的设计，偏爱不过度装饰的、能清晰表达出它们的功能的简洁柱式。尽管如此，柱子依旧保持着支承建筑的功能和在外立面形成韵律感的装饰作用，如同图中所示的 1929—1931 年间，由勒·柯布西耶设计的法国普瓦西的萨伏伊别墅。这种类似混凝土覆盖或混凝土填充的结构柱常常用来支承建筑物的底部。

在建筑中跨越一个开口有两种主要方式：用水平的过梁跨越或用弯曲的拱跨越。无论是过梁还是拱，都可以由独立的柱子来支承，或者融合到墙体之中，但是拱比过梁更牢固，因为曲线有助于将向下的力分散到墙体或柱子上。古希腊人使用一种横梁结构或带梁的建筑系统，通过支承在柱子上的水平过梁或柱上楣构来建造建筑；而古罗马人则利用拱结构来创造更大、更复杂的建筑。尽管如此，他们都保留了柱上楣构和围绕拱来添加柱子的视觉设计。

横梁结构建筑

古希腊人使用横梁结构或带梁的建筑系统，依靠柱子支承水平过梁跨越开口。由于过梁相对薄弱，柱子必须靠得很近才能支承它，这就导致了古希腊建筑柱廊间距过小的特点。

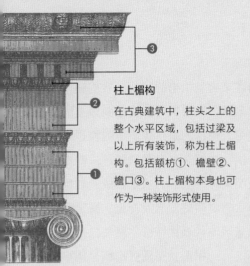

柱上楣构

在古典建筑中，柱头之上的整个水平区域，包括过梁及以上所有装饰，称为柱上楣构。包括额枋①、檐壁②、檐口③。柱上楣构本身也可作为一种装饰形式使用。

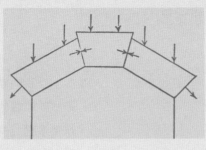

拱心石

位于拱的中心位置的拱心石，从字面意义来看是将拱固定在预定位置的关键。如图所示，拱周围的石块或楔形拱石以特定角度进行切割制作。位于顶部的拱心石两侧呈一定角度，以使整个拱结构能够锁在一起。

古罗马拱

拱并非由古罗马人发明，但却由古罗马人首先开发出装饰和结构潜能。古罗马拱通常是圆形的，并且常常与沉重的柱上楣构和壁柱相结合，将拱本身降低到辅助的视觉地位中，例如图中这个位于罗马的康斯坦丁凯旋门。

支承拱

古罗马人还利用拱承受向下压力的能力来建造多层建筑。这张罗马竞技场的剖视图显示了拱是如何用来支承上面的楼层的。该建筑极厚的外墙反过来扮演了扶壁的角色，帮助支承一层又一层的拱。

当我们描述某物呈拱形的时候，我们通常指的是一种曲线的形状。在建筑中，拱在曲线上的变化非常多样，但令人惊讶的是，建筑中的拱也可能是平的。所有的拱结构都有一个共同特征，即由某种形状的石块按照某种特有的方式组合成一种稳定的结构。拱的形状随时间的发展而变化，特定的拱形状是特定时期建筑的代表性特征。然而，最常见的拱形状是圆弧形或半圆形，与古罗马建筑、罗马式建筑和文艺复兴建筑有关。尖拱是哥特式建筑的特色。

圆拱

围绕着这些圆拱形罗马式窗户的单块拱石或楔形拱石都按照拱的半径成角度切割成楔形，这种石块被称为径向楔形拱石。这意味着每个石块都向相邻的石块传递压力并因此而获得支承力。

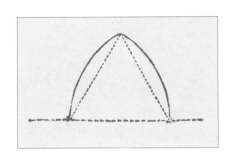

平拱

平拱有贯穿拱顶的独立石块，两侧呈一定角度以利于相互施压而不是向下施压。它们在砖砌建筑中十分常见，用来创造跨越窗或门的直线形开口，是格鲁吉亚和维多利亚时期建筑的重要特征。

尖拱

尖拱由一个圆形的两段拼接而成，形成弯曲的两侧和位于顶部的尖点。顶部角度几乎可以无限调节，是尖拱的最大优点，使其可以在不改变高度的情况下轻松变宽或变窄。

肩拱

"肩拱"是一个术语，用来描述如同在图中这个窗口中所看到的这种形状的开口，它看起来像一种程式化的脖子和肩膀的形状。然而，它并不是一种真正由成型的砖块组成的拱，而是一种搁在开口顶部的梁托上的直线形过梁。

马蹄拱

马蹄拱比半圆拱弧度还大，是伊斯兰建筑和伊斯兰时期的西班牙建筑的特别标志。如图所示是托莱多圣母玛利亚教堂，它于12世纪作为犹太教堂而建，1405年被改造成一座基督教教堂。

拱结构·罗马式

　　罗马式建筑是10~12世纪西欧的主要建筑风格，以圆形拱门的运用为特征。最早的罗马式拱结构非常简单，但是多种柱式或成排的拱可以一起使用，以创造出更加丰富的效果。到了12世纪，越来越多的装饰开始出现，包括圆形线脚、波浪饰和其他几何图案，但给人的感觉是丰富有余而精细不足。拱也用作装饰元素，特别是盲拱，它们只是雕刻在墙面上，并不是通向另一个独立空间的入口。

中殿拱廊

显而易见，早期的罗马式建筑是非常朴实和宏伟的，其美感来自力量感而不是精细的装饰。以这个中殿拱廊为例，它有三层逐渐缩小且几乎毫无装饰的拱，仅仅在边缘处用最轻微的倒角作为装饰，在不影响强度的情况下，在视觉上减轻了拱的重量。

巨柱式拱

巨柱式拱是一种大尺度的、将其他拱或柱式包围在其中的拱，在罗马式建筑上非常常见。它给水平的建筑立面带来了垂直方向的统一。如图所示，位于苏格兰的杰德堡修道院有一个巨柱式拱，它将中殿拱廊和通廊都包围起来了。

几何装饰

在后期的罗马式风格建筑中，早期的朴素装饰让位于各种各样的几何装饰。如图所示，通常在同个开口中结合使用多种图案。这些位于英国北安普顿的圣彼得教堂的拱上，使用了各种不同类型的波浪形或锯齿形装饰。

盲拱廊

装饰拱廊或盲拱廊是罗马式建筑的一个普遍特征，而且往往制作成两个相互交叉的拱廊形状。在两个圆拱相接的地方形成尖形拱券，如图中所示这座位于英国汉普郡的圣十字架宫的盲拱廊那样，这可能促进了尖拱在随后的哥特式建筑中的发展。

抱茎图案

罗马式建筑的石匠和雕刻家喜爱充满想象和奇形怪状的图案。如图所示，位于一座拱的某个部位的程式化的大鼻子动物形象正在狼吞虎咽地吞食其下方的圆形线脚。与之类似，由鸟头和波浪饰线脚构成的抱茎图案也非常普遍。

拱结构·哥特式

尖拱在 12 世纪的西方建筑中流行起来，并且成为哥特式建筑在结构和装饰上的关键组成部分。与圆拱相比，尖拱在视觉上更加轻盈，但在结构上更加坚固，因为位于拱的顶部的石块是相互向内施加压力而不是向下施加压力。这个特征使哥特式建筑的石匠能够建造出比圆拱更轻盈、更精致的建筑结构。尖拱在最初是相对高而窄的，但是到了哥特式风格晚期，石匠们尝试了新的形式，包括葱形拱和更平坦的四心拱。

尖拱

哥特式建筑的石匠利用尖拱的结构稳定性，建造出非常高大的建筑，比如德国的科隆大教堂。不仅拱廊中的拱是尖拱，连窗、窗饰和拱顶都利用了尖拱来增加稳定性。此外，扶壁也是尖形的半拱。

多重线脚

哥特式尖拱通常用非常精细的线脚装饰，以形成一系列的卷涡和镂空，使得这种拱的外观比早期的罗马式拱的外观更加精致。尽管每个线脚看起来都是分隔独立的，但实际上它们是一起被雕刻在同一块楔形拱石之上的。

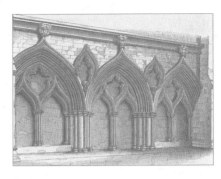

葱形拱

葱形拱在顶部有一个反向的或 S 形的曲线，是 14 世纪哥特式建筑的重要特征。它使蜿蜒曲线和连锁图案的创新成为可能，例如图中这座英国诺维奇大教堂中的盲拱廊上的泪珠状造型。

四心拱

四心拱需要四个圆心来确定它的图案，并因此而得名，其中两个点用来确定两个角落，两个点用来确定中间部分。四心拱是英国晚期哥特式建筑的关键元素之一，一般被称为都铎式拱。它们通常被一个正方形的拱檐线脚所包围，在拱肩上布满了装饰性的雕刻。

尖角

图中这个晚期哥特式拱有尖角，即从拱的曲线中突出小型的装饰尖角。这些尖角是将半径较小的弧线放置在半径较大的拱的曲线中形成的，当弧线相交时形成尖角或尖顶。小弧线本身也可以形成尖角，以达到更加精致的效果。

拱结构·文艺复兴式与巴洛克式

从 15 世纪开始，文艺复兴从意大利向北缓慢扩展，带来了对古罗马建筑的重新关注，而哥特式建筑（尤其是尖拱）被遗弃了。为了替代尖拱，建筑师们重新启用圆拱和壁柱上的柱上楣构。然而，相比原始的古罗马形式，此时建筑师们将更多的关注放在了拱本身，不论是拱还是拱廊，都偶尔会脱离柱上楣构而被单独使用。新出现的拱的形式，包括无柱头的拱、粗石拱以及支承在柱上楣构上的拱，都得到了发展。

拱与柱上楣构

那些壁柱支承的柱上楣构下方的古罗马圆拱也是文艺复兴建筑的一种标志。如图所示，始建于 1537 年的意大利威尼斯圣马可图书馆的两层柱上楣构为拱提供了强有力的垂直框架，主导了拱的造型。

粗石拱

由粗面的石块制成、没有明确界定的柱头的拱是文艺复兴时期建筑的另一种特征。安德烈亚·帕拉第奥设计的这座 16 世纪的意大利别墅，其底层只有简单的拱廊，即由粗石拱和窗之间沉重的粗石扶壁形成的拱廊。

低拱

哥特式建筑和文艺复兴建筑的区别在北欧没有在意大利那么明显。例如，德国的布伦瑞克大厅的开放式底层，将类似于哥特式晚期都铎式拱的低拱与文艺复兴风格的柱上楣构和壁柱结合。上层也使用了类似的拱。

块状拱心石

块状拱心石是文艺复兴建筑的一种流行元素，它因单独的石块能被清晰地区分开而得名。图中这座位于巴黎的 17 世纪的罗亚尔宫的入口有三个圆拱，它们都有十分突出的拱心石，远比围绕在拱周边的线脚明显。

凉廊

凉廊是一侧有开放的拱廊、长长的、有屋顶的空间，有的是建筑的一部分，有的单独存在。作为一种特殊的意大利建筑形式，凉廊在其他国家也会被作为意大利建筑而使用。如图所示，米兰的格兰德（始于 1456 年）有两层凉廊，一层建在另一层的上面。

拱结构·复兴式

　　18世纪和19世纪从事复兴式建筑设计的建筑师们，都不约而同地使用了拱和柱上楣构作为必要的印象元素来表达他们所选择的风格。因此，支承在柱廊之上的柱上楣构就成了（新）古典主义风格的一种简要表达，而尖拱暗示了哥特式风格的复兴。在19世纪，也有人尝试创造一些新的风格，其中最有趣的尝试之一是新罗马式风格，或叫作圆拱风格。它借鉴了圆拱的方方面面，这种新风格具有更加多样的装饰可能性。

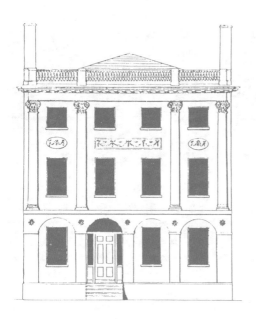

新古典主义风格房屋

由柱廊支承的柱上楣构是新古典主义建筑固有的装饰特征。在图中这所19世纪早期的美国房屋中，屋顶檐口被处理成由四个装饰壁柱支承的柱上楣构。建筑底层由拱廊连接着窗和偏心门。

哥特式复兴风格

小尖拱形的窗和门，以及窗饰的使用，赋予了这所19世纪早期的房屋一种哥特式复兴风格的味道，而尖尖的山墙、形状不规则的烟囱、前面锯齿形的梯塔和侧面高高的塔楼又进一步强调了这种风格特征。

新罗马式风格

新罗马式风格（圆拱风格）是一种折中的19世纪复兴风格。这种风格的建筑通常由砌体建造，结合了多种圆拱元素，包括早期基督教风格、罗马式风格和文艺复兴风格。这种风格以厚重的拱结构和大块的粗石为特征，比如图中这座美国密歇根州的安阿伯教堂。

凯旋门

纽约的布鲁明戴尔百货商店开业于1886年，入口采用了罗马凯旋门的元素，贯穿了立面的一楼和二楼。该入口的中央拱和较窄的垂直镶板——类似凯旋门巨大的侧边部分——由厚重的粗石壁柱划分开来。

哥特式复兴门廊

这是一座19世纪70年代的哥特式复兴门廊，入口处风格化的哥特式柱子上的尖拱是一个关键的风格标志。它的细节反映在门本身的装饰拱和圆形饰物上，但是这些细节看起来更有实用性，而不只是结构的基本部分。

拱结构·现代风格

　　无论是拱还是柱上楣构，都没有在20世纪的建筑中失去它们的地位。拱曾经是（而且将继续是）新建筑类型结构上的重要组成部分，尤其是那些与交通运输相关的建筑类型，比如火车站和机场。因为拱的强度可以实现非常巨大的、开放式的空间结构，为庞大人群提供服务。钢框架使用横梁结构建造，现代主义建筑师欣然接受了它的视觉潜能，并用它创造出简约的柱廊。柱廊和拱廊作为一种可以创造视觉上统一的、长距离延伸的店面的方式被证明是可行的，比如沿着伦敦的摄政街的那些商店便是典型的案例。

火车站

19世纪，火车站标志性的巨型拱发挥着功能性和装饰性的双重作用。拱结构固有的强度使巨型的玻璃和铁构建而成的筒形拱顶屋面能够建在铁轨上方。巨大的拱展示在建筑外立面上，如同图中这座位于英国伦敦的国王十字车站的正立面。

粗石拱廊

1923 年，在为伦敦摄政街设计成排的商店和办公室时，建筑师雷金纳德·布洛姆菲尔德借鉴了古典风格的先例，如文艺复兴时期的宫殿和凉廊，以创造出一种街道式的拱廊。这些拱自身没有柱头，只有厚重的拱心石和异常突出的粗面砌筑。

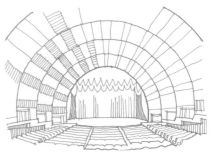

艺术装饰拱

拱是建筑装饰艺术中一种重要的形式，主要用于装饰和结构，如同图中所示的纽约无线电城音乐厅（1932 年开放）。它的舞台台口采用同心拱形式，给人以深远和庄严之感。

现代主义拱廊

纽约林肯中心（1962 年）前部的柱廊的创意来源于古希腊神庙的外立面，但其简洁的线条与毫无装饰的柱面，显示出完全的现代主义设计风格。主拱廊每一个微微弯曲的拱结构都会被反射到较低楼层和中心的锥形柱中。

平行拱

拱已成为近现代建筑的一个重要组成部分，因为建筑师们已经尝试了使用现代材料的新方法。悉尼歌剧院运用平行拱创造出很大的空间，这个空间具有独特鲜明的轮廓线和杰出的音响效果。

仅有一个由墙壁围合而成的开放空间是不能被称为建筑的，有了屋顶，建筑才名副其实。屋顶最基本的作用是使建筑内部不受天气变化的影响，所以屋顶（即使是所谓的平屋顶）通常是倾斜的，以使雨水得以排放。平屋顶在干燥气候地区更为常见，而在气候条件恶劣的地区，坡屋顶的使用更加普遍。屋顶的形状也常常被建筑师用来创造某种建筑风格，例如平屋顶通常与意大利文艺复兴建筑有关，而坡屋顶与中世纪建筑以及法国文艺复兴建筑有关。

坡屋顶

倾斜的或三角形的屋顶是最基本的屋顶形状，而且是最简单易行的造型之一。这种屋顶排水容易，且可被各种不同类型的材料覆盖。在屋顶两端形成的三角形墙称为山墙。

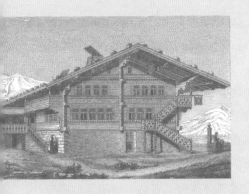

悬挑屋檐

为了避免雨雪直接落在房屋周围，图中这座瑞士房屋的屋顶设计了悬挑屋檐。这种屋檐在气候炎热地区也很常见，它们有助于避免阳光直射墙壁。

纹章雉堞

图中这些独特的燕尾形屋顶雉堞不仅仅是单纯的装饰，还具有象征意义。主人应用这些形状装饰来表现其对中世纪晚期维罗纳主要政治派别之一的圭尔夫党的忠诚。

低斜坡屋顶

图中这所美国房屋的屋顶，从主屋顶向下延伸，包含了一个附属的单层扩展建筑，这种屋顶称为低斜坡屋顶或不对称双坡顶。这是一种无须形成屋顶排水沟或天沟就能在两个独立的建筑区域上建造屋顶的简便方法。

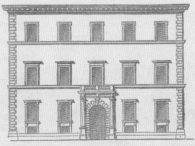

隐蔽式屋顶

借鉴了古罗马建筑先例的隐蔽式屋顶，是意大利文艺复兴时期建筑的一个主要特征，被各个地区广泛复制。图为罗马的维罗斯皮宫，它的屋顶坡度非常平缓，以致完全被厚重的屋檐所遮挡，人们从地面上几乎无法看见。

屋顶与山墙·古典式

古典主义建筑最重要的屋顶形式是一种长长的以装饰山墙或三角楣饰作为端头的坡屋顶形式。这是人类可以建造的最简单的屋顶形式之一，许多古典柱式的元素，例如陇间壁和三陇板，都通过石质的屋顶结构组成部分得到了表达。坡屋顶的高宽比根据其自身的尺度来决定。为了避免屋顶变得过于庞大和笨重，古罗马人开始将装饰立面与隐藏在檐口后的平屋顶相结合，从而使他们能够建造出大型复杂的建筑并且依然保留带有三角楣饰的立面。

扩展的坡屋顶

古希腊神庙典型的屋顶形状，是一种贯穿建筑长度的、以装饰山墙或三角楣饰作为端头的简单坡屋顶，如奥林匹亚宙斯神庙的屋顶就是这样。在建筑周围环绕有柱廊或门廊，坡屋顶向外扩展，以覆盖在柱廊之上。

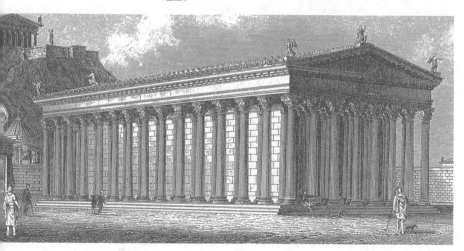

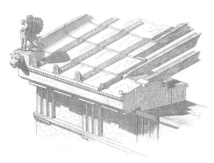

瓦檐饰和山墙顶饰

筒瓦是覆盖在屋顶接缝处的曲线形瓦片，它的末端由小型的直立瓦片覆盖，称为瓦檐饰，通常以花状平纹（忍冬草）图案装饰。位于山墙转角处的石块称为山墙顶饰，如图所示，常常承托着雕像出现。

三陇板

带凹槽装饰的三陇板是多立克柱式最独特的部分。这张图展示了它们是如何发展为用石头来表现顶梁末端的，即将平坦的陇间壁镶嵌在每两根顶梁之间的空间中。下方的平檐壁相当于过梁。

雕刻的三角楣饰

神和圣人的雕像以及宗教故事的浮雕都是古典式神庙和基督教堂装饰的一个重要组成部分。例如，位于罗马的帕特农神庙的三角楣饰，充满了关于古希腊神话中诸神和巨人之战的浮雕，图为修复后的帕特农神庙。

带三角楣饰的立面和平屋顶

为了保证合适的比例，三角楣饰的高度必须随着其宽度的增加而增加，这无形中使它变得庞大而笨重。1世纪早期，位于罗马的协和女神庙向我们展示了古罗马人是如何将带三角楣饰的立面与平屋顶结合起来，从而创造出更大的建筑的，这为以后的设计提供了先例。

屋顶与山墙·罗马式

在罗马式建筑中，屋顶通常是可见的，而不是隐藏在女儿墙或栏杆的后面。屋顶长长的斜坡形成了当时建筑视觉审美的一个重要组成部分。坡屋顶、锥形屋顶和多边形屋顶均开始出现，根据覆盖的构筑物不同选择使用不同的形状。对不同形状屋顶的分层是视觉统合的一个重要组成部分，尤其是在教堂中，分隔开来的每一个空间都需要一个独立的屋顶。山墙的末端明显地装饰着雕塑和复杂的窗结构，这使得山墙成为罗马式建筑立面设计的关键元素。

多样化屋顶风格

12 世纪德国沃尔姆斯大教堂有典型的罗马式屋顶。中殿的屋顶是坡屋顶；走廊有靠在中殿墙上的单坡屋顶；较小的塔有锥形屋顶，反映出塔的形状是圆形的；而中央塔和半圆室是多边形屋顶。

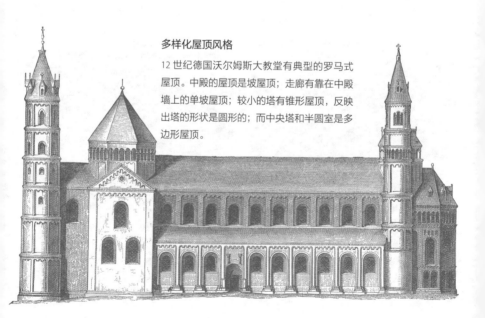

装饰山墙

罗马式和哥特式教堂中的山墙末端往往被重点装饰，形成了建筑外观最突出的装饰特征之一。如图所示，法国的圣佩尔教堂的山墙就包含了许多雕像。而复杂的窗的设计，特别是玫瑰窗，在山墙装饰中也很受欢迎。

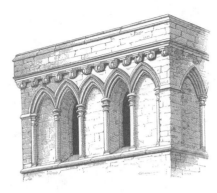

挑檐

在罗马式建筑中，屋顶或塔的边缘常装饰一排石头雕刻的挑檐，以代表房屋顶梁的末端。挑檐也可以雕刻成人头形、动物形、怪诞人物形或是各种简单的几何形状。

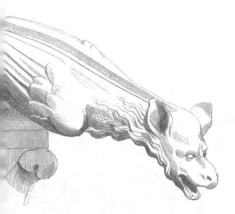

带支撑的女儿墙

在防御类的建筑中，女儿墙可以让防守者方便隐藏并能隐蔽地射击，也能保护屋顶不被来自下方的攻击物破坏。图中为位于意大利曼图亚的拉久内宫，其屋顶隐藏在带支撑的女儿墙后面，即一种低矮的凸出于屋顶天际线的墙体。

滴水嘴

中世纪时期，用于将雨水引到建筑物一侧的排水口往往被制成一种怪诞的动物或人物形象，称为滴水嘴。滴水嘴在法国特别流行，但在其他地方也有出现。

屋顶与山墙·哥特式

哥特式建筑比罗马式建筑更轻巧和精致，这一点在屋顶上比在建筑的其他组成部分上体现得更加真实。建造技术的不断发展，使得出现更加复杂形状的建筑的可能性大大增加。一些特别精致的哥特式屋顶出现在大厅里，即集中世纪房屋中生活、睡觉、烹饪等主要功能为一体的大房间。哥特式屋顶的木质结构被精心装饰，一直到椽子的高度，以显示房屋主人的财富和品位。

开放式大厅屋顶

图中所示为 13 世纪末英国的斯托克赛城堡，它的大厅一侧两倍高度的窗几乎从地面一直延伸到屋顶天窗，这清楚地表明了该建筑内部屋顶的结构。它的内部一定是开放至屋顶的高度，否则无法建造如此大的窗。

桁架中柱屋顶

在屋顶上，带有放射至各个方向支承柱的中心柱被称为桁架中柱。它与横向水平连接梁共同支承起中心檩条，确保独立的三角形桁架保持垂直，从而避免多米诺骨牌效应。

封檐板

封檐板是雕刻成型的木板，沿着屋顶边缘安置，位于建筑的山墙末端，用于覆盖和保护屋檐的端头不会受到天气的影响。封檐板同时也是装饰饰面，可以留白或带雕刻纹样，例如图中这所 14 世纪末英国肯特郡的房屋上的封檐板。

抗风支撑

如图所示，在屋顶侧边的水平方向檩条和垂直方向主椽之间按某个角度设置的成型木材称为抗风支撑。顾名思义，在有大风的天气情况下，它能确保椽固定不动从而避免倒塌。

托臂梁屋顶

图中，一条短的水平方向的托臂梁从墙体中悬挑出来，并且由一条垂直的椽尾柱支承，这个结构反过来又承托起上部的屋顶结构，创造出一个非常宽广的室内跨距。在教堂中，托臂梁的末端有时装饰着天使形象，因此也有天使屋顶的别名。

屋顶与山墙·晚期哥特式

在晚期哥特式建筑中，铅作为一种屋顶材料使用得日益广泛，使得更为平坦的屋顶线条得以实现，同时，女儿墙的使用更进一步地隐藏了屋顶，使其从地面上无法看见，这样便形成了一个四四方方的外部轮廓和几乎平坦的内部顶棚。镂空的女儿墙特别受欢迎，因为它们在天空的衬托下形成充满戏剧性的轮廓。通常，使用在城堡上的雉堞式女儿墙非常时尚，因为它们折射出了骑士精神，而这种精神渗透于中世纪晚期艺术和建筑等诸多领域，连庄园房屋甚至教堂都被装饰成了军事雉堞模样。

改变的屋顶线

中世纪晚期，平坦的屋顶的流行意味着许多教堂改变了原来陡峭的屋顶。如图所示，在后来建造的更平坦的屋顶的下方，依然可以看见原来的陡峭山墙线的残留。

拱形支架

建筑外部更加平坦的屋顶的使用在内部以更加平坦的室内形状反映出来。这张图中，坡度较缓的屋顶由大量的横梁支承，而横梁本身由附着在墙上的拱形支架支承。小花格三叶饰装饰了拱肩，而拱的底部是尖尖的。

镂空的女儿墙

采用无釉窗饰建造的耸入天际的镂空女儿墙在晚期哥特式建筑中很受欢迎，而且可以制作成极其精致的形状。图中这座来自英国格洛斯特郡的教堂的塔楼呈雉堞形，还有镂空的角楼、尖顶和微型飞扶壁。

装饰性雉堞

一座房屋带有雉堞，象征着军事上的独立，在晚期哥特式建筑中是一种重要的身份地位象征，但它们几乎是装饰性的，毫无实际用途。图中这扇凸窗虽然有雉堞，但任何攻击者都可以轻易地粉碎其下方的大窗户。

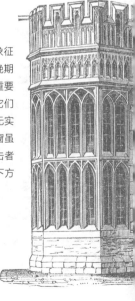

堞口

堞口是女儿墙后面、在楼层的平坦区域切割出来的狭窄槽孔，用于守军向下射箭或者向下抛物。波兰马尔堡城堡的骑士厅有一堵雉堞式女儿墙，在角楼处向外凸出形成堞口。

屋顶与山墙 · 文艺复兴式

文艺复兴建筑，特别是早期的文艺复兴建筑，屋顶形式在很大程度上取决于国家。在意大利，坡度较缓、受古典风格影响的屋顶形式占统治地位；而四坡屋顶，即在两端和两侧都有折角的屋顶形式，也是一种重要的形式。墙体和屋顶结合处的厚重檐口也被视为意大利文艺复兴建筑屋顶设计的一个主要元素。在法国，极其陡峭的屋顶十分流行，而在低地国家和北海沿岸地区，造型精致的山墙是最明显的屋顶设计元素之一。

复合式山墙

成排的小型山墙是 17 世纪英国建筑的典型特征。图中这座位于牛津的房子有山墙，安置在一系列凸窗的上方。遗憾的是，山墙间的沟谷极易被腐蚀，在后来的几年中，这些复合式山墙中的许多部分都被替换掉了。

异形山墙

精心设计的异形山墙是 16 世纪晚期到 17 世纪北欧建筑的典型特征。任何形状都可能出现，例如图中所示波兰格但斯克的军械库的山墙，有凹凸的曲线、带状和方尖碑装饰以及顶部带瓮的尖顶三角楣饰。

精致的混合

异常复杂的屋顶线是法国文艺复兴建筑的特征。香波城堡将陡峭的四坡屋顶、位于凸窗之上的锥形屋顶、各种各样的塔楼、天窗以及精致的烟囱混合，创造出一种多样化的外观。

装饰山墙

位于英国威尔特的大房屋的屋顶是缓坡的，而且隐藏在女儿墙的后面。位于凸窗上方的异形山墙和两个较小的侧翼山墙只是用于装饰，并给屋顶线带来一些节奏感。

四坡屋顶

16 世纪中期，为罗马教皇朱利奥三世建造的、位于罗马的朱利亚别墅有一个坡度缓和的四坡屋顶，即屋顶四个边都是倾斜的。它的顶上有一个灯笼式屋顶，在屋顶和墙体连接处有厚重的檐口。

屋顶与山墙·巴洛克式和洛可可式

巴洛克建筑的屋顶设计在很多方面延续了文艺复兴时期的风格，特别是对四坡屋顶和厚重檐口或女儿墙的使用，以创造出一种直线形的轮廓。异形山墙变得不太流行，而且地域差异也已减小，尽管法国的巴洛克风格建筑师依旧推崇非常高而陡峭的坡屋顶形式，但在意大利、英格兰和其他地区，更流行平坦的屋顶。巴洛克风格对装饰的进一步强调导致精美的栏杆被用作女儿墙的做法发展起来，而且往往在转角处进一步用瓮或者雕像来装饰。此外，双折线屋顶也在这个时期发展起来。

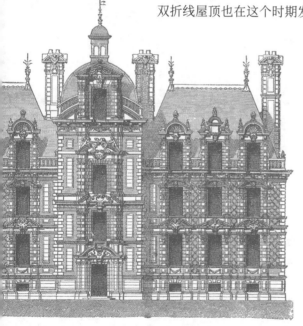

陡峭的坡屋顶

17世纪中期的博曼西尔城堡有极陡峭的坡屋顶，带有凸出的屋顶窗，法国民居建筑这个特征贯穿整个巴洛克和洛可可时期。倾斜的屋顶线与低矮的墙体结合，使建筑显得轻盈而富于装饰感。

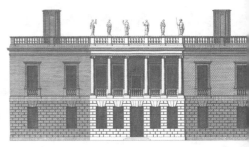

折线屋顶

折线屋顶与 17 世纪法国建筑师弗朗索瓦·曼萨特有关，在每一个面上都有两个坡度。较低的部分非常笔直，通常几乎是垂直的，而较高的部分则相对平坦一些。通常，较低部分都有天窗，因此在屋顶上形成了额外的一层阁楼。

栏杆式女儿墙

如图，位于伦敦格林尼治的女王房屋建于 1615—1637 年，其屋顶完全隐藏在一段栏杆式的女儿墙后面。它那花瓶状的栏杆样式在后来的楼梯设计上逐渐风靡起来，就像哥特式的镂空女儿墙一样，栏杆可以缓解其勾勒出的天际线对天空的影响。

带瓮的栏杆

巴洛克风格的教堂也使用了与其他建筑上类似的建筑元素。英国伯明翰的圣菲利普教堂（1709—1715 年）的屋顶隐藏在栏杆后面，栏杆的转角处采用装饰瓮来强化。同时，在穹顶底部还有厚重的檐口作为装饰。

檐口

装饰性的檐口用来衔接屋顶和墙体。除了装饰凸出的屋檐之外，檐口也形成了墙体的一个重要的视觉终点，如同图中这个由克里斯托弗·雷恩爵士设计的英国伦敦圣本尼特教堂（1683 年）的檐口所展示的那样。

屋顶与山墙 · 新古典式

新古典主义建筑风格以基于对古典建筑的近距离观察而产生的古典建筑复兴为标志，门廊式神庙建筑在公众建筑甚至住宅中非常流行。尽管纯粹的古希腊神庙形式也在使用，但使用时往往结合更大的平屋顶结构，这种情况在古罗马时期就曾出现。帕拉第奥式建筑的建筑师特别强调四坡屋顶的使用，经常将它们与圆顶或被栏杆包围的中心屋顶采光口相结合，而使四坡屋顶成为住宅建筑的一个重要特征。此外，带托饰或者托座的大型檐口，也是新古典主义建筑的另一重要组成部分。

古希腊风格的坡屋顶

位于慕尼黑的古代雕塑展览馆（1816—1830 年）是最早建造的专业博物馆之一。它将中心的神庙和两个较低的翼部相结合，其中神庙由带三角楣饰的爱奥尼柱式门廊以及古希腊风格的坡屋顶构成，翼部则基于意大利文艺复兴风格，低矮的屋顶隐藏于女儿墙之后。

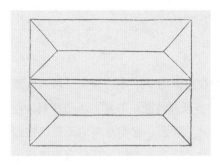

带天沟的屋顶

为了造出低坡屋顶但依然能够排掉雨水，建筑师经常使用 M 形屋顶或带天沟的屋顶。一个 M 形屋顶有两个相邻的低坡屋顶，它们由中央的天沟或排水沟分开，因此易于隐藏在栏杆后面。

四坡屋顶

图中这座 18 世纪的美国住宅有一个四坡屋顶，即四个边都是倾斜的。它正面有三个小天窗，侧面有大天窗。它的屋檐凸出，由带托饰的檐口支承，两个烟囱成排形成跨越屋脊的特征符号。

带托饰的檐口

托饰本质上是在水平方向而不是垂直方向上使用的涡旋状的托座，而且就像托座那样，它们的作用就是支承起上方的屋顶。位于托饰之间的平坦空间通常装饰有玫瑰花饰。如图中所示的这个檐口，还有额外的卵箭饰、串珠饰和齿形线脚。

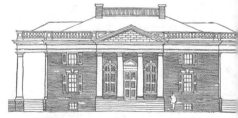

栏杆式屋顶采光口

图为位于弗吉尼亚州的为 19 世纪早期住宅所做的设计，在四坡屋顶的顶上有一个位于中央的栏杆式屋顶采光口。这个采光口能照亮楼梯间之上的室内核心空间。在侧面，屋顶和它上面的栏杆都伸出到墙壁之外，由下面的柱廊支承，类似于古希腊神庙的风格。

屋顶与山墙·维多利亚式和现代式

屋顶轮廓线在过去的 200 年间发生了巨大的变化，19 世纪（维多利亚时期）的复兴风格在很大程度上来源于"如画"观念，它非常强调不规则性和多变性，因此导致了极端复杂的屋顶轮廓被建造出来。高楼发展迅猛，其屋顶很难从地面上看到，这首先导致了在檐口上使用繁重装饰的做法，其次导致了平屋顶建筑的推广。平屋顶流行于 20 世纪的房屋和其他建筑，并且是现代风格的关键元素，但在 20 世纪末的后现代主义建筑中，出现了回归更加复杂的屋顶轮廓线的做法。

凸出的檐口

在当时最高的建筑之——位于美国波士顿的埃姆斯大楼（1889—1893 年）的屋顶上，有厚重而凸出的檐口，它在真实的屋顶不被看见的情况下赋予了建筑物的上层部分一种气势宏伟的外观。它的设计源自意大利文艺复兴时期的建筑模式。

陡峭的坡屋顶

图为位于里昂的 19 世纪中期的证券交易所，其高而陡的坡屋顶再现了法国文艺复兴和巴洛克风格，但是与许多 19 世纪建筑的典型特征一样，它们事实上比这种风格刚诞生时的任何建筑都更宏大、更复杂、更精细。

装饰小屋

这种 19 世纪早期的装饰小屋或"如画"小屋，有着复杂的屋顶线条，包括两种不同类型的天窗，位于末端的、复杂的屋脊和装饰性的烟囱，是它设计的关键部分。这些多样的变化主要是尝试给它赋予一种观赏性的或"如画"的品质。

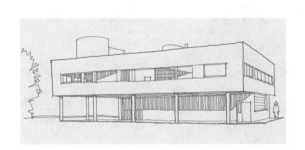

平屋顶

20 世纪的现代建筑的主要特点是具有四四方方的形状，包括平屋顶，遵循"功能至上"的原则。位于法国普瓦西的由勒·柯布西耶设计的萨伏伊别墅，是现代主义运动的一座重要建筑，它的平屋顶部构成了其简洁干净线条的主要部分。

装饰性的屋顶轮廓线

摩天大楼高耸云天，屋顶难以得见。在20世纪末，建筑师不再使用流行于20世纪早期的平屋顶，而是转向了高度装饰化的屋顶，如图中这个屋顶具有超大尺寸的、中断式的三角楣饰。此外，英国伦敦那座尖细的、被称为"小黄瓜"的建筑，也是该趋势的一个例子。

拱顶·综述

拱顶是投影和拱门一样的、位于室内空间上方的弧形覆盖物。拱顶发明于古代，在古罗马、早期基督教和拜占庭建筑中都很受欢迎。在西欧的罗马式建筑中，拱顶被重新使用，而且伴随着哥特式尖拱的出现，使得拱顶可以建造得更加庞大和复杂。拱顶在教堂中特别流行，因为它们象征着天堂的穹顶，同时还有防火的顶棚。拱顶的强度使它在酒窖、地下室和土窖中也得到应用，用于支承位于上面的建筑。

哥特式肋骨拱

沿着一座肋骨拱每个部分边缘的模制肋，为拱顶提供稳定支持的同时也使其成为名副其实的拱顶。比如图中这座 13 世纪位于德国科隆的圣格里安教堂的肋骨拱，是哥特式风格的典型特征。在这里，拱肋从细长的壁柱中跃出，从而带来一种拱顶是一个优雅延伸的树冠的印象。

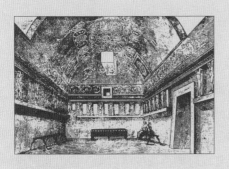

古罗马筒拱

古罗马人是最先开发大尺度拱顶的人。图中这座筒拱，是仅向一个方向弯曲的拱顶，来自公元前 100 年庞贝古城浴场内的温浴室（或暖阁）。它用壁画装饰，墙上也延续了这种图案。

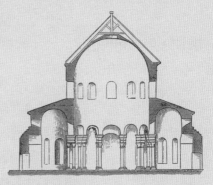

早期基督教式穹顶

穹顶是拱顶的一种，它的投影是一个圆，而不是一个轴对称图形。位于罗马的圣科斯坦沙教堂（350 年）是早期基督建筑，它的穹顶的形状在这个截面清晰可见。在它周围的走廊中有筒拱。

带拱顶的地下室

拱顶由相交的拱组成，非常坚固，因此经常用于加固较低的楼层，比如地下室。在英国的格洛斯特大教堂（1100 年），其罗马式地下室的大型粗短墩柱和厚重的拱都能帮助支承位于上方的唱诗班席位。

拱形顶棚

在文艺复兴和巴洛克时期，建筑师尝试用板条和抹灰而不是传统的固体材料来制作拱形顶棚。这使拱顶能够以平滑的曲线达到非常大的跨度，就像图中所示 18 世纪早期位于英国伦敦皮卡迪利大街的圣詹姆斯教堂（St. James）的拱顶一样。

简拱具有贯通建筑长度的单一曲形表面。它通常是圆形的，但也可以是尖形的，流行于古罗马建筑中。后来哥特式建筑盛行肋骨拱，简拱逐渐过时，但它们在文艺复兴时期再次变得时尚，因为它们与古典主义风格的古代遗迹有关。附属拱可以与主拱垂直相交，从而形成棱拱，它使得在每个部分插入天窗成为可能。棱拱因为两个拱顶相交所形成的棱线而得名。它与肋骨拱不同，棱拱没有拱肋进行支承。

架间分隔

无论是简拱还是棱拱，都经常会被贯通拱顶的横向拱分隔成架间或分隔间。这些拱既增加了稳定性又从视觉上打破了拱顶的单调。在法国韦泽莱的罗马式风格的修道院教堂中，支承着拱结构的凸出柱更进一步强调了棱拱的架间节奏。

方格筒拱

位于罗马的巴洛克风格的圣彼得教堂是为了取代君士坦丁创建的教堂而建，它有一个筒拱，这是对古罗马建筑模式的重新诠释。拱顶装饰着丰富的方格，但被天窗分隔，以便让更多的光线进入，避免拱顶上部光线黯淡。

横向拱

这张古罗马筒拱图向我们展示了拱顶单向连续的曲线是如何由横向拱支承起来的。这些横向拱从过道拱廊的墩柱上延伸出来，从基础上为它们提供了额外的厚度和稳定性，而位于拱廊上方的腰线则为建筑提供了水平方向上的划分。

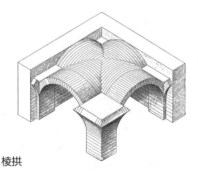

棱拱

从上向下看，很容易看出位于君士坦丁堡（今伊斯坦布尔）的圣索菲亚大教堂的棱拱是如何由两个相交的筒拱组成的，它们以与拱顶主轴成45°相交。棱拱的使用使得每个部分都可以添加开口。

临时拱顶支架

拱顶通常是通过木制的构件建造出来的，称为临时拱顶支架，如图所示。临时拱顶支架与完成后拱顶底部的形状相同，在上面铺设建造拱顶的石块（图中这个是用于支承一座桥梁）。当拱顶建造完成时，临时拱顶支架就会被移除，只留下拱顶。

拱顶·拱肋

在 12 世纪早期，石匠们发现棱拱可以通过增加沿着棱拱边缘的拱肋得到加强。这一发现为哥特式建筑铺平了道路，哥特式建筑突出的特点就是肋骨拱的使用。在同一时期，尖拱的引入进一步增加了肋骨拱在建筑中应用的可能性，因为尖拱比圆拱更容易进行宽窄变化，这为拱顶的形式创造了更大的灵活性。从 13 世纪之前开始，拱顶变得更加复杂，因为添加了额外的装饰性拱肋。

统一的拱肋

图为中世纪晚期位于意大利米兰的大教堂，其高耸入云的室内空间是由它的肋骨拱统一起来的。拱肋吸引着人们的注意力，使人们的视线不再集中于拱顶的表面，而且每个拱肋都在中殿的墩柱上有它自己细长的壁联柱，以此形成拱廊，让轻盈的拱顶在视觉上得到了统一。

六肋拱顶

在六肋拱顶或由六部分组成的拱顶中，每个架间被交叉拱肋分割成六个部分，如同图中这座建于 12 世纪晚期的坎特伯雷大教堂的中殿拱顶一样。与此相反，在英国，建筑通道上由四肋拱顶将每个架间分割成四个部分。四肋拱顶是早期哥特式建筑中最常见的形式。

脊肋

英国伦教的威斯敏斯特修道院建于 1260 年的拱顶已经变得比坎特伯雷大教堂的拱顶复杂多了。建筑的中央屋脊被脊肋清晰地表达出来。窗的上方有拱肋，同时其他拱肋由附加的中间拱肋装点得丰富多彩。

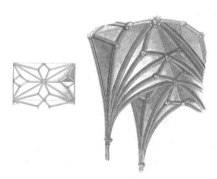

枝肋拱顶

在发现补充的中间拱肋具有装饰潜能之后，中世纪晚期的建筑师们随后研发出了枝肋：即连接着其他两个拱肋的纯装饰性拱肋。枝肋在结构上没有真实的作用，但可以用来创建复杂的网状拱顶，例如图中所示英国布里斯托尔大教堂的拱顶。

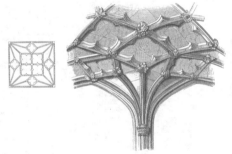

网状拱顶

尽管拱肋有助于增加拱顶的强度，但并不是必要的，到了中世纪末期，拱肋几乎成为纯装饰结构。1443 年，英国布里斯托尔的圣玛丽红崖教堂中的网状拱顶，使用了一个尖形网格，用细长的四叶饰构成丰富的表面图案。

建筑拱顶上的拱肋并没有结构上的作用，但却成了结构的组成部分，拱肋在压力之下通过使某些区域变厚起到加强作用。在每个拱顶隔间的顶部，包含着每条拱肋终端的拱心石或浮凸饰通过向上部结构的每个部分施加均衡的压力而将整个拱顶锁在一起。浮凸饰通常由雕刻装饰。如果建造恰当，拱顶会非常稳固而且可以在局部毁坏的情况下幸免于难，但如果建造与支承使用不当，就会很容易坍塌。

破碎的拱顶

即使局部被破坏和损毁，拱顶仍可幸存。图中这座已遭损毁的 14 世纪晚期的苏格兰梅尔罗斯修道院的唱诗班席位，尽管拱顶损毁部分已经被移除，但保留下来的拱肋和横向拱自身足够坚固，能够保持稳定。然而在这些拱肋结构中，只有主要的对角线拱肋起结构上的作用，和沿着拱顶的脊拱一样，那些较小的相交枝肋和中间拱肋仅仅起装饰作用。

起拱点

拱顶下部的起拱点包含所有的拱肋。随着砌块向上延伸，拱肋越来越倾斜，直到有足够的弯曲度来保持它们自身的结构稳定性。此外，较小的线脚包含于较大的石块之中。

拱顶的网状结构

与拱肋一样，位于拱肋之间的网状结构也以一定角度成排铺设，这样每个石块可以与它相邻的石块相互挤压，而不是直接将压力下传。如图所示，在英国舍伯恩城堡破碎的拱顶中，甚至最上方的石块也以一定角度安置。

壁联柱

拱肋是结构的一部分，但连接拱肋到下面墩柱的细柱或壁联柱主要起装饰作用。然而，细长的壁联柱还有一个在视觉上帮助将拱顶固定在下方结构上的作用，如图中所示法国巴黎圣母院 13 世纪建成的壁联柱。

带雕刻的拱心石

拱顶中心位置的拱心石常由雕刻装饰，如同图中法国拉昂这个天使雕刻一样，它同时也拥有将拱肋锁在一起的重要结构功能。拱心石被切割成与所有拱肋契合的形状，以确保它们相互紧压。

拱顶·扶壁

拱顶会对下面的墙体产生巨大的压力，因此需要用扶壁来提供额外的支承。带筒拱或简单的棱拱的古罗马和罗马式建筑通常由壁柱扶壁来加固，即在关键部位增厚墙体。但是这些结构不足以支承非常高的肋骨拱的巨大重量，所以飞扶壁利用额外的独立支承的拱来加固拱顶最脆弱的部位，飞扶壁在哥特式建筑上使用和发展，并且成为哥特式大教堂外观的一个重点装饰的部分，尤其是在法国。

飞扶壁

13世纪法国亚眠大教堂外部的飞扶壁为建筑营造出了好似婚礼蛋糕般的外观，这是哥特式建筑的特点。飞扶壁支承着拱顶，并作为拱形的延伸，放置在压力最大的部位，把压力从拱顶向大量飞扶壁转移。

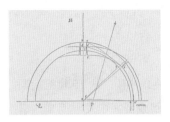

拱顶压力点

拱顶的关键压力点位于顶部和胯部（即拱顶弯曲到垂直的墙体中的位置）。如果拱顶建造适宜，它向下的压力将会传递到拱顶的曲线中和墙体里；如果不适宜，拱顶就会像这张图所展示的那样坍塌。

拱形梯级

拱形梯级的固有稳定性被用来固定拱顶，并向外施加最大压力。梯级向内倾斜顶住拱顶，并且帮助将部分压力向下转移到扶壁本身的大量砌体中。

壁柱扶壁

扶壁也可以用于加强背后没有拱顶的墙体。图中这些壁柱扶壁加强了这座位于曼顿的没有拱顶的英国教堂的山墙。这些扶壁是阶梯状的，越靠近底部厚度越大，为墙基提供更好的稳定性。

小尖塔

飞扶壁上高高的小尖塔大大增强了建筑外观的整体装饰效果，但它们同时也有结构上的作用：通过在梯级和飞扶壁之间的连接处增加巨大的重量，可以稳定这一关键区域。

拱顶·扇拱

扇拱是一种特殊的英式拱顶，从 15 世纪晚期的枝肋拱顶和网状拱顶的精致图案中发展而来。扇拱将墙壁和窗上的花格图案引入其上，营造出一个整体统一的室内效果。尽管扇拱看起来具有令人难以置信的纤细精致，但其实在它们后面有大型拱肋的支承，而且独立的锥形扇或叫锥形结构相互施压，从而将整个拱顶固定在正确的位置上。垂悬吊饰更加令人感到结构的不可思议，但是它们也通过整体的基础结构而被牢牢地固定在适当的位置上。

同心窗格

扇拱上顺应扇形形状的同心窗格图案，将位于窗中和墙体底部的盲拱廊中的窗格花纹加以延续。图中，位于英国剑桥的国王学院礼拜堂的拱顶，是非常著名的英式扇拱。

扩大的起拱点

扇拱最初主要用于小型空间，可能是出于对其结构稳定性的考虑，例如图中所示英国格洛斯特大教堂（1470 年）的陵墓和修道院这种小型空间。在这个案例中，可以很容易看出扇拱是如何通过将一座普通拱顶的起拱点扩大而发展出来的。

扇拱结构

不同于肋骨拱将其结构显露在外，扇拱的结构是隐藏在拱顶背后的。从舍伯恩修道院中殿拱顶的背面可以看到，扇拱结构被支承在巨大的拱肋上，从其他角度都看不到。

装饰

带垂饰的扇拱能够创造出像钟乳石一样极其丰富的效果。这些巨大的砌体被局部支承在巨大的横向拱上，它们自身由尖角饰和其他装饰所覆盖，如梦似幻，例如位于英国伦敦的威斯敏斯特修道院的亨利七世小教堂（1503—1519 年）。

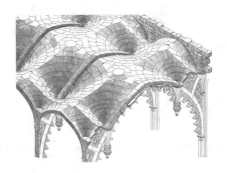

垂饰拱顶

从这张图中可以看出，在亨利七世小教堂的拱顶背后有大型的拱结构。更进一步研究发现，事实上垂饰在结构上是这些拱的一部分，尽管看上去它们好像是从前面的锥形结构悬挂下来的一样。

穹顶·综述

穹顶是一种拱顶，是通过将拱旋转360°形成的曲线形屋顶。穹顶可以是圆形的、椭圆形的或多边形的。穹顶通常能从外部展现出来，形成一个耸入天际的宏伟轮廓。和拱顶一样，穹顶也是由古罗马人发展起来的，是早期基督教和拜占庭建筑的一个重要部分。穹顶复兴并发展于文艺复兴时期，是新古典主义建筑的一个重要组成部分。到了20世纪，建筑师尝试采用新材料来建造跨越巨大空间的穹顶，比如体育场。

古罗马穹顶

穹顶是古罗马建筑的常见元素，也被后来想要唤起古罗马辉煌历史的建筑师采用。图中这座重建的蒂沃丽花园的维斯塔神庙（公元前1世纪），通过一座安置于小型鼓座上的典型古罗马浅碟形穹顶，展示了这种设计理念。

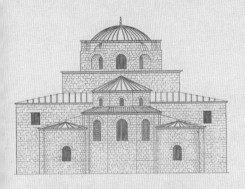

早期基督教建筑带穹顶的巴西利卡

早期基督教和拜占庭巴西利卡的特征元素是加在整个建筑外部之上的穹顶，就像图中所示的位于希腊塞萨洛尼基的圣索菲亚教堂（780年）的外部。较低的半圆室上的圆锥形屋顶不是穹顶，因为它们的表面是平的，但有助于形成整体的风格。

文艺复兴时期的穹顶

穹顶是文艺复兴式和巴洛克式教堂的重要特征之一。它们通常被安置在中央十字交叉空间的上方，与古典神庙式的正立面结合出现，例如图中位于意大利威尼斯由安德烈亚·帕拉第奥设计的救主堂（1577—1592年）。这种效果雄伟庄严，与哥特式建筑形成鲜明对比。

带穹顶的剪影

我们可以看到，穹顶在天空的映衬下展现出宏伟的效果，并且允许在建筑中心建造出一个非常大的圆形大厅，就像美国国会大厦所展示的那样。它的室内由一盏灯和成排的天窗照亮，这些天窗隐匿于穹顶鼓座上的柱子后面。

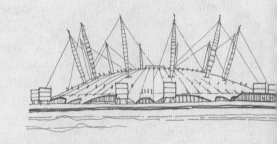

连续弯曲的屋顶

英国伦敦的千年穹顶是1999年为2000年的千禧年庆典而建造的，是世界上最大的连续弯曲的屋顶。它由带聚四氟乙烯涂层的玻璃纤维织物制成，从技术上来说它并不是一座穹顶，因为它有内部支承，但其外形明显借鉴了古罗马的碟形穹顶。

穹顶·构造

最早的穹顶安置在圆形或者多边形的建筑上方，因此穹顶在本质上就是墙体向上和向内的延伸。在拜占庭时期，建筑师们发现可以用称为穹隅的三角形凸出物来填补弧形穹顶和方形建筑之间的空间。古罗马式、早期基督教式和拜占庭式穹顶，通常是用混凝土或砖建造的单壳，但文艺复兴时期的建筑师们发现他们能够建造双壳穹顶，这使穹顶的外表变得更大更凸出。

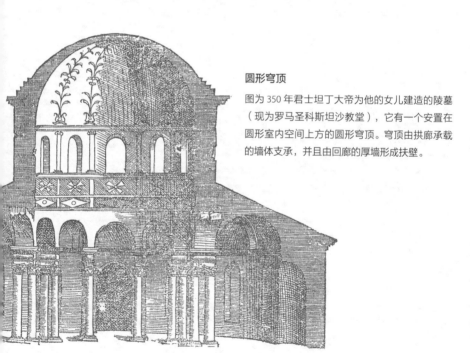

圆形穹顶

图为 350 年君士坦丁大帝为他的女儿建造的陵墓（现为罗马圣科斯坦沙教堂），它有一个安置在圆形室内空间上方的圆形穹顶。穹顶由拱廊承载的墙体支承，并且由回廊的厚墙形成扶壁。

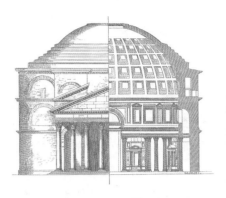

单壳穹顶

我们可以观察到，单壳穹顶的内部和外部轮廓是密切相关的，如同这张罗马万神殿的剖面图所展示的那样。虽然穹顶在内部是半球形的，但是穹顶壳的厚度变化使得穹顶外部是更扁平的碟形。

穹隅

拜占庭的建造师们发现他们可以用弯曲的三角形去桥接方形建筑的转角和圆形穹顶之间的间隙。这些被称为穹隅的三角形结构使得在巴西利卡中心之上使用穹顶成为可能，比如君士坦丁堡（今伊斯坦布尔）的圣索菲亚大教堂。

鼓座和穹顶

穹顶不必直接安置在屋顶之上，也可以通过一座又高又直的鼓座上升到教堂屋顶上方，创造出一种踩高跷般的效果，就像法国巴黎荣军院教堂（1680—1720 年）一样。鼓座为安置天窗提供了额外的高度和空间，以照亮室内空间。

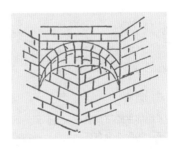

突角拱

突角拱是穹隅的精简版本，但在桥接方形空间和多边形或圆形穹顶之间的间隙上发挥了相同作用。与穹隅使用光滑曲线不同，突角拱由梁托或小拱组成。

穹顶·简洁式

无论是在平面上（水平方向）还是在剖面上（垂直方向），所有的穹顶都具有同样的特点，即具有连续不断的弧形表面。简洁式穹顶是由拱形围绕轴线旋转一周形成的。在这些参数的控制下，穹顶的弧形表面可以有许多不同的形式。就像穹顶下方的拱一样，穹顶可以是圆的、尖的或葱形的，但是在完成之前，穹顶的弧线可以被垂直地截断，形成分段式或碟形穹顶，也可以被升起到一座直筒鼓座上形成上心穹顶，或者在平面上变形成一座椭圆形穹顶。

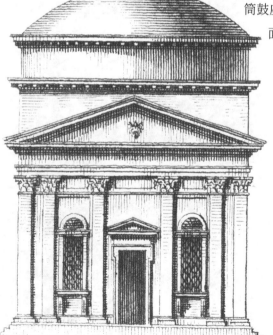

碟形穹顶

一座扁平的穹顶就像一个倒置的碟子，其顶部没有任何装饰，是古罗马穹顶的常见形式。这种形式因其历史内涵而流行于文艺复兴时期和新古典主义时期，例如图中所示位于罗马的圣安德烈大教堂（1550—1553年），它的部分结构基于古罗马万神殿而建造。

半球形穹顶

一个完美的半球形穹顶可以升起到一座非常高的鼓座上,从而在不影响形体几何结构的前提下增加额外的高度。例如位于意大利曼图亚的、由莱昂·巴蒂斯塔·阿尔伯蒂设计的圣安德烈教堂。位于建筑顶部的圆屋顶复制了穹顶的形式,但规模较小。

上心穹顶

与半球形穹顶不同,上心穹顶有垂直的侧边,无缝地延续了穹顶的曲线,比如图中这座15世纪的埃及开罗苏丹巴库克清真寺的穹顶。这种结构使穹顶具有高大典雅的形状,但其底部的天窗必然要小一些。

椭圆形穹顶

椭圆形穹顶在巴洛克时期非常流行,并且使穹顶成为复杂的、平滑的建筑的一个重要部分,成为这一时期建筑的特征。图中位于奥地利维也纳的卡尔大教堂(1715—1737年)那巨大的椭圆形穹顶矗立在椭圆形的中殿上方;在教堂外面,这种形状与椭圆形的眼窗相互呼应。

三壳穹顶

在英国伦敦圣保罗大教堂的设计中,克里斯托弗·雷恩爵士用三壳穹顶创造了匀称的外部和内部形状,并且没有造成过度的结构压力。该建筑以木材和铅为材料建造的穹顶和采光塔都由内部的一座砖砌锥体支承,这座锥体隐藏在一座更小的穹顶后面。

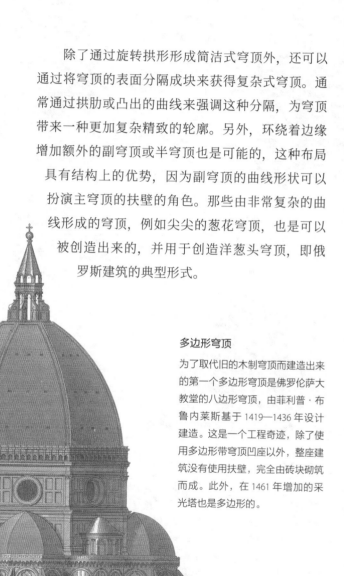

除了通过旋转拱形形成简洁式穹顶外，还可以通过将穹顶的表面分隔成块来获得复杂式穹顶。通常通过拱肋或凸出的曲线来强调这种分隔，为穹顶带来一种更加复杂精致的轮廓。另外，环绕着边缘增加额外的副穹顶或半穹顶也是可能的，这种布局具有结构上的优势，因为副穹顶的曲线形状可以扮演主穹顶的扶壁的角色。那些由非常复杂的曲线形成的穹顶，例如尖尖的葱花穹顶，也是可以被创造出来的，并用于创造洋葱头穹顶，即俄罗斯建筑的典型形式。

多边形穹顶

为了取代旧的木制穹顶而建造出来的第一个多边形穹顶是佛罗伦萨大教堂的八边形穹顶，由菲利普·布鲁内莱斯基于 1419—1436 年设计建造。这是一个工程奇迹，除了使用多边形带穹顶凹座以外，整座建筑没有使用扶壁，完全由砖块砌筑而成。此外，在 1461 年增加的采光塔也是多边形的。

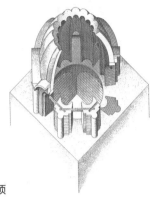

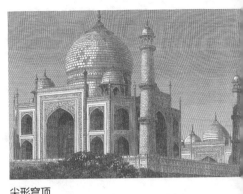

南瓜式穹顶

多面穹顶不需要有直立面。位于君士坦丁堡（今伊斯坦布尔）的塞尔基奥斯教堂和巴克霍斯教堂（527—536 年），有一个由 16 个部分组成的南瓜式穹顶，其造型结构外凸内凹，形状酷似南瓜。这种曲线形状在窗拱和柱状扶壁上得到了呼应。

尖形穹顶

穹顶是伊斯兰建筑尤其是清真寺的一种流行特征，并且衍生出许多种形状，其中最引人注目的是其像轻微打开的植物球根的形状，例如图中所示的印度阿格拉的泰姬陵（1632—1654 年）。伊斯兰建筑的穹顶一般都有一个尖尖的顶部，不同于西方基督教建筑穹顶上所使用的采光塔或圆屋顶。

洋葱头穹顶

洋葱头穹顶因其与洋葱头形状相似而得名，是俄罗斯和东正教建筑的典型特征。与其他穹顶不同，它们通常主要用于外部装饰，而不在建筑的内部空间进行表现。

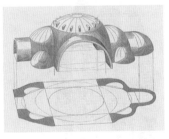

半球形穹顶

半球形穹顶的布局利用了穹顶拱形的固有强度，既充当了扶壁，又创造了有用的空间。图中这座位于君士坦丁堡（今伊斯坦布尔）的圣索菲亚大教堂（533—537 年），在中央使用了一个浅碟形穹顶，两侧采用了半球形穹顶，这些半球形穹顶依次由更小的半球形穹顶支承起来。

大多数穹顶的顶部都有一座圆屋顶或采光塔——一种小型塔式结构，用于完成穹顶构造并为窗和透气孔提供开口。圆屋顶和采光塔具有类似的功能，但我们可以通过小圆顶来辨别出圆屋顶，采光塔通常具有尖顶。此外，圆屋顶和采光塔可以单独用于屋顶装饰，或成为一座塔的顶部。采光塔，或带采光塔的高塔，如果带有大型窗的话，有时也可以作为一座教堂的中心塔，因为它与中心塔的功能相同，即将光线引入建筑中心。

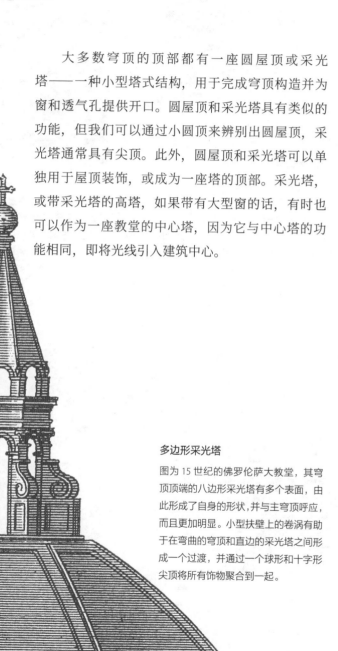

多边形采光塔

图为 15 世纪的佛罗伦萨大教堂，其穹顶顶端的八边形采光塔有多个表面，由此形成了自身的形状，并与主穹顶呼应，而且更加明显。小型扶壁上的卷涡有助于在弯曲的穹顶和直边的采光塔之间形成一个过渡，并通过一个球形和十字形尖顶将所有饰物聚合到一起。

八边形采光塔

英国伊利大教堂的八边形采光塔建于 14 世纪，用于取代已经倒塌了的罗马式十字塔。采光塔由被涂成模仿石材质感的木材搭建，并有巨大的窗，为大教堂的中心提供采光。

飘窗圆屋顶

圆屋顶可以在没有穹顶的情况下单独使用。比如在文艺复兴时期始建于 1519 年的法国的香波堡，它大型飘窗的锥形屋顶以圆屋顶为顶端，而在中央楼梯塔上方还有另外一种小型圆屋顶。

新古典主义圆屋顶

用栏杆将圆屋顶围起来是 18 世纪和 19 世纪早期新古典主义建筑的特点。图中这个英国的案例来自一所 18 世纪位于威尔特郡埃姆斯伯里的房屋，但它在美国和其他地方也非常流行。这样的圆屋顶能够为楼梯间或门厅提供采光。

圆屋顶的装饰

无论是圆屋顶还是采光塔，往往都以装饰物作为终端，例如十字架、风向标或一个简单的尖顶饰，从整体上提供一种令人满意的垂直方向的完整性。英国伦敦考文特花园的保罗教堂的葱形圆屋顶上，一根高高的尖杆上树立着一个天鹅形风向标。

塔·综述

广义上讲，高度明显大于宽度的建筑就可以称为塔（包括通常意义的塔，也包括塔楼和塔式建筑）。塔，直指苍穹，吸引着人们的目光，象征着力量、权力和财富，并因此与城堡等防御建筑相关，同时与宗教建筑相关，并体现着公民的自豪感。塔是有实际作用的，高度使其易守难攻，还可以节省地面空间并把声音传播到很远的地方。教堂的尖顶凸显了中世纪城市和村庄的显著特征，正如当今世界，高耸入云的摩天大厦主导了城市上空的天际线，同时彰显出城市的无限生机。

教堂的塔

西班牙城市圣地亚哥德孔波斯特拉是中世纪最重要的朝圣地之一，这里的大教堂和其他教堂的尖顶在周围的建筑群中显得清晰可见，高耸林立，召唤着千里之外的朝圣者不断涌向教堂。

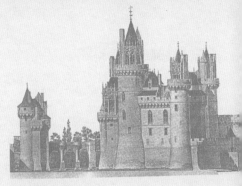

清真寺光塔

清真寺光塔外观高而狭长，常成对使用，这是伊斯兰清真寺的特征，如伊斯坦布尔的蓝色清真寺（原名为苏丹艾哈迈德清真寺）。

有城垛的塔

14世纪末，法国的梅洪-苏尔-伊夫尔城堡（上图是城堡的复原图）看起来富丽堂皇，但它是一个防御性建筑。这座城堡有一座高耸的门楼，一条横穿窄桥的护城河，下部的厚墙没有窗户，还有带城垛的塔。

逐层递减的塔

塔的每个水平部分称为一层，通常，同一座塔从上至下宽度相同。但文艺复兴时期的一些塔，从下至上逐层缩小尺寸。图中这座塔每一层都由几乎不起结构性作用的古典风格柱廊装饰。

金属框架的塔

法国巴黎的埃菲尔铁塔建于1889年，初始高度为312米，是当时世界上最高的建筑。埃菲尔铁塔表明，金属框架可以支承很高的结构，而随着电梯等技术的发展，高层建筑必须是封闭式的。

塔·防御式

无论过去还是现在，塔都是防御系统重要的组成部分，它的高度便于瞭望敌情，使防卫者轻松瓦解入侵者的进攻。传统的塔墙很厚而窗很小，很难被攻破，但这些措施在大口径炮弹发明后不再有效。防御塔可以独自建立，或以炮塔的形式依附于一堵墙壁，或作为一座更大城堡的组成部分。贵族的房屋建造商曾以城堡的形式建造房子，将塔作为地位的象征来装饰建筑，以使其不同于那些完全没有防御功能的庄园房屋。

堡垒塔

显而易见，15世纪西班牙梅迪纳德尔坎波城堡的防御塔非常重要，无论门楼还是墙上较小的凸出炮塔，都更利于防守者还击攻击者。高高的堡垒塔提供了良好的瞭望台，厚厚的城墙是很好的防御墙。

城堡中心主塔

城堡不仅仅是一座塔，还具有厚墙、门楼、炮塔及其他防御性建筑，而高耸的城堡中心主塔才是城堡的象征。它是一场战役的最后一道防线，彰显着主人的财富和权力，比如这座巴黎老卢浮宫的中心主塔。

塔式住宅

塔式住宅将居住和防御目的结合，有着厚厚的墙壁和小小的窗，但是没有防御性的外墙。14世纪位于苏格兰、英格兰边境的兰利城堡，在当时跨境袭击频发的情况下曾庇佑当地村民以及城堡主人免于灾难。

爱尔兰圆塔

高耸细长而独立的圆塔是爱尔兰中世纪建筑最显著的特点之一。通常，需要借助架设在高层门上的梯子才能进入。这些圆塔常与修道院遗址有关，在内乱时期也用作临时避难所。

骑士风格

通过窗的风格和尺寸可以清晰地辨别出德国玛利恩城堡骑士大厅塔楼各层的不同功能，特别是上层大厅比下层服务厅具有更大、更精致的花格窗。

塔・教堂式

塔是基督教教堂建筑的显著特色，其直冲云霄的外形轮廓使得教堂成为整个城市或乡镇中最突出的建筑。不同社区之间相互竞争，用更大、更精致的塔来装饰教堂。塔最常见的位置是教堂的十字交叉中心区域，这里是中殿和耳堂交汇处，或者是在西端。但在德国和一些低地国家（指荷兰、比利时、卢森堡——译者注），塔常建在建筑角落。塔是典型的罗马式和哥特式建筑，但也会用在新古典主义和哥特复兴式的教堂上。

十字塔

教堂的十字交叉中心区域是中殿、耳堂和唱诗班交汇处，作为教堂的核心地带，此处常外化为一座十字塔，比如法国鲁昂的圣旺教堂（始建于 1318 年），通过大窗，光线照亮了原本黑暗的地方。

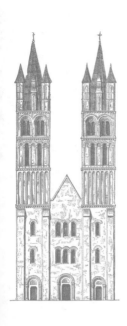

精心装饰的塔

一对西塔是大型罗马式和哥特式教堂的显著特征。与低平的立面相反，12 世纪法国卡昂三一教堂的西塔顶部饰有带状的直拱廊，这样的装饰也在教堂尖顶两侧的小型塔楼上重复使用。

腋下塔

大量的小塔，包括位于耳堂和唱诗班之间建筑"腋窝"下的小塔，是德国罗马式教堂的主要特征，如图所示为拉赫教堂，它的外表被建造成军事防御风格，以此弥补由未经装饰的盲窗拱廊所造成的、严重的装饰缺失。

教区教堂的塔

教区或者乡村教堂的塔是当地值得骄傲的一个象征。不同于拥有不只一座塔的大教堂和修道院，大多数的教区教堂通常只有一座坐落在十字交叉中心区域或西端的塔。图中所示为英国剑桥郡的圣尼欧教堂。

不对称的塔

不对称的塔是哥特复兴式建筑的显著特征，建筑师们想让它们更具沧桑感。这个 19 世纪苏格兰教堂的塔被特意非对称地放置在一个角落，从而让建筑呈现出一个不规则的轮廓。

钟声是基督教宗教庆祝活动的重要组成部分，也在婚礼、葬礼和像复活节这样的节日上使用。钟常常高挂在塔楼钟室的木框中，钟室上的窗户没有玻璃，可使钟声传播到很远的地方。钟声也可用于民生活动，如报警、报时，所以许多城市的市政厅或市政建筑上都建造了高大的钟楼。

独立式塔

敲钟时产生的振动很大程度上会导致塔楼倒塌，这是造成教堂结构破坏的主要原因之一。在对建筑的地基无法确定而保证不了安全稳定的地方，建造者们建立独立式塔，例如比萨斜塔，这座 12 世纪的、位于大教堂旁的塔楼以惊人的角度倾斜着。

钟楼

在意大利，钟塔被称为钟楼，通常是从教堂分离出来的。位于克拉西的圣阿波利奈尔教堂（532—549 年）的钟楼是最早的钟楼之一。它是砖制的圆形钟楼，并有从塔底到塔顶数量成倍增加的圆顶窗。

钟窗

塔楼上钟室的窗由于没有玻璃，所以极易识别，它有利于传出声音，而且百叶窗可以防鸟进入，比如图中这座英国北安普敦郡的国王萨顿教堂的钟窗。

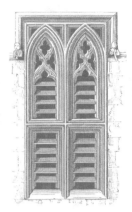

钟棚

因为并不是每座教堂都建得起塔楼，所以有时候钟就悬挂在山墙上的钟棚里。钟棚通常是以拱的形式设置在山墙之间，一般只有一或两只铃铛。

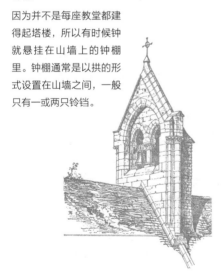

市政钟楼

钟被用于市政以及宗教目的，如报时和报警。非常高的市政钟楼在中世纪晚期比利时和佛兰德斯等地区非常常见，如比利时布鲁日的钟楼。19 世纪仿制的钟楼很多，包括伦敦的大本钟和费城市政厅。

塔·尖塔和尖顶

塔的顶部通常延伸出一个又高又尖的部分，称为尖塔或尖顶，它不仅增加了塔的高度，也达到了一个令人满意的视觉效果。一些学者认为尖塔是逐层减小的，而尖顶则是一个整体、连续的斜坡。另一些学者使用"尖塔"来替代"塔"这个术语，并把任何形式的尖顶都称为尖塔。但事实上，尖塔和尖顶这两个术语在大多数情况下是可以互换的。尖塔可以用石头或镀铅木头等很多材料制造，或者用屋顶材料（如屋顶板）制造。尖塔具有不同的形状，包括锥形、金字塔形和多边形。

分期建造

尖塔造价不菲，所以经常一次只建一个。法国沙特尔大教堂南面（右）的尖塔建于 12 世纪后期，由镀铅的木头建成；北面的尖塔（左）建于 16 世纪早期，建造时又增加了一个石材基础，显示了建筑技术上的成熟。

针状尖顶

通常非常高而细长的尖顶称为针状尖顶，由镀铅的木头建造，这是英国哥特式教堂的特点。比如 14 世纪的索尔兹伯里大教堂，它通过把针状尖顶安置在十字交叉区域上方高大的石塔上来增加其高度。

尖顶塔

通常把装饰在法国哥特式教堂中心非常细长尖锐的尖顶称为尖顶塔，它源于法语单词"arrow"。尖顶塔通常由镀铅的铁或木材建造，比传统的尖顶轻。不同于英国教堂的尖顶需要结合中心塔而建，法国的尖顶塔通常不需要另外的塔作为基础。

洛可可式的尖顶

尖顶上的弯曲曲线是洛可可式的典型特征，并且通常以更加流畅的线条重新诠释古典元素，比如贝壳形托架。奥地利格拉茨教堂的尖顶（1780年）有一个时钟和百叶窗，利于声音从钟室里传播出去。

新古典主义尖顶

尖顶在新古典主义时期继续流行，并且装饰有柱、方尖碑和瓮等古典风格的元素。18 世纪的英国设计书籍启发了后来的美国建筑师，比如埃斯特尔顿，他于 1812—1814 年设计了位于康涅狄格州的纽黑文中心教堂。

角塔通常指建在建筑物拐角的小型塔。像更大的塔楼一样，角塔设立在屋顶轮廓线之上，一般都太小以至于只能容下一组小阶梯。小尖塔比角塔更小，通常连内部空间都没有，仅作为装饰之用。小尖塔通常建在扶壁顶端，除了装饰作用外，尖塔还提供重要的、向下的压力。角塔和小尖塔是哥特式建筑的特征，也是中世纪晚期微建筑风格的一个重要方面：将微建筑元素作为建筑的装饰元素。

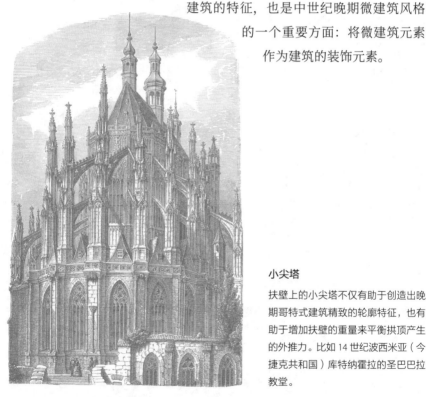

小尖塔

扶壁上的小尖塔不仅有助于创造出晚期哥特式建筑精致的轮廓特征，也有助于增加扶壁的重量来平衡拱顶产生的外推力。比如 14 世纪波西米亚（今捷克共和国）库特纳霍拉的圣巴巴拉教堂。

角塔

小尺寸的角塔在全塔外观上不太显眼，但仍产生了强有力的视觉效果。图中是英国剑桥的国王学院礼拜堂（1446—1515 年），其 4 个角塔连同每个扶壁之上的小尖塔，形成了外部轮廓的鲜明特征。

小尖塔

小尖塔经常被用来装饰哥特式塔楼的转角，如英国诺福克郡克罗默镇的教堂。小尖塔能柔化塔顶原本尖锐的边缘，同时通过在转角处增加额外的重量加固塔体。

带楼梯的角塔

通过众多的小窗可以轻易地认出带楼梯的角塔，如英国索尔兹伯里教堂的主教宫殿。八角形的角塔和上部窗的对角线位置揭示了内部螺旋楼梯的曲线。

小塔

安置在墙角高处的小塔是苏格兰贵族式建筑和法国哥特式城堡的特点，如图中的巴尔莫勒尔堡。这种小塔通常是圆的而且有锥形的屋顶。

塔作为城市建筑的一个基本组成部分，已经存在很多个世纪了。塔是可以创造额外的楼层空间而不多占用地面面积的理想模式。塔被城市用来展示荣耀，也被个人用来彰显财富。近现代，公司的财富和实力通过越来越高的摩天大楼展现出来。但在局促的城市空间里，塔式建筑面临着自身的特殊问题，因为塔式建筑既需要冠绝其他建筑，以凸显其可视性，又要对地面上的观者产生影响。

装饰艺术风格的尖塔

具有女儿墙和尖塔的克莱斯勒大厦（1928—1930 年）是美国纽约具有哥特式风格特点的建筑，但将其改造成了装饰艺术风格。带有锯齿形花纹图案的同轴拱将视线向上引导，在方形建筑和针状尖塔之间形成过渡。

文艺复兴时期的市政塔

意大利文艺复兴时期的商人在自己的小镇房屋上争相建造高塔。这些塔在城市建筑物上也有出现，比如位于意大利锡耶纳的市政厅。城垛借鉴了防御工事，但主要用于装饰，因为这些建筑物是没有防御功能的。

哥特复兴式市政厅

英国曼彻斯特市政厅巨大的中央塔，是 1887 年由艾尔弗雷德·霍特豪斯设计的。作为英国主要商业中心曼彻斯特的永久性标志，这幢建筑至今仍占据着市中心的主要位置。它基于中世纪晚期低地国家的市政厅形式，属于哥特复兴式建筑。

早期的摩天大楼

美国担保大厦是 1894—1896 年为纽约的债券保险公司建造的。建筑高耸的造型和创新的结构特征彰显了公司的实力和安全性，而凸出的檐口、优雅的石砌结构和纵栏式的低矮楼层又让人眼前一亮。

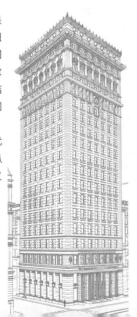

现代主义塔

美国纽约的西格拉姆大厦是 1957 年由路德维希·密斯·凡德罗和菲利普·约翰逊设计的。由纯玻璃幕墙构成毫无装饰的外墙，这对以后摩天大楼的设计产生了巨大影响。

一扇门可以引领我们进入一座建筑或者拒绝我们进入。门的位置和类型可以揭示建筑的用途。正门是一座建筑最重要的组成部分之一，往往在装饰上费尽心思。门的风格种类在过去的几个世纪发生了很大变化，因此它可以作为断定建筑年代的一个很好的工具。侧门通过更小的尺寸和不那么精致的装饰来显示自己的附属功能。门通常配有台阶，有时还配有门廊。门廊既可以挡风遮雨，也可以使门的位置得以凸显。

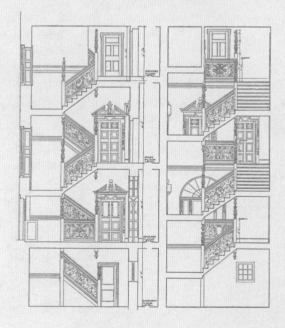

门的层次

通过门可以解读出它背后房间的若干信息，不同风格的门表示不同的房间层次，在17世纪英国伦敦海格特的克伦威尔住宅中，每一层楼的门都不一样，其顶部房间的门（可能通向仆人的房间）要简单得多。

吊闸

通往城堡的入口通常由一座吊闸保护起来。吊闸是一种大型的、从上方下降到入口前面的金属与木质相结合的门。如图所示，除了吊闸，入口前面还有一个坑，上面由一座可移除的吊桥覆盖着。

分级的门

门的数量和位置可以为隐藏其后的建筑的布局提供线索。在这张图中，位于罗马的科斯美汀圣母教堂的西立面有三扇门，中央较大的门通向中堂，而较小的侧门通向侧廊。

放大的入口

在设计意大利威尼斯救主堂的入口时，16 世纪的建筑师安德烈亚·帕拉第奥通过巧妙地将门廊中央的柱子间距变宽来强调建筑的入口。在哥特式建筑中如此常见的侧门在这里仅仅用带雕塑的壁龛来代表。

古教堂前厅

早期基督教教堂，比如 4 世纪罗马的（老）圣彼得大教堂，是由入口通过门廊或前厅进入的。古教堂前厅是提供给新信徒（尚未受洗的信徒）使用的，而教堂本身是留给信徒使用的。

门与门廊·古希腊与古罗马风格

　　无论是在古希腊建筑中还是在古罗马建筑中，门都不是一种主要的特征，因为它通常隐藏在大型门廊的后面，但它仍然由一系列装饰加以强调。门的开口常见的形式是有向内倾斜的侧面，这可能是为了在开口侧面的顶端给石质门楣提供额外的支承，然而当古罗马时期的建筑师们更加自信时，入口侧面就变成垂直的了。门的开口由一个铸模的环绕带所包围，通常用玫瑰花饰等图案装饰着，顶部是用支架支承起来的、凸出的檐口。

局部隐藏的门

无论是在古希腊神庙中还是在古罗马神庙中，大部分的礼拜仪式都不是在建筑内举行，而是在建筑外的台阶上举行。因此，进入建筑内室或内殿的门几乎都是隐藏在门廊的柱子后面的，如图中所示位于黎巴嫩的巴勒贝克神庙。

伊特鲁里亚建筑的门

伊特鲁里亚人于公元前 8 世纪到 4 世纪时生活在罗马附近。伊特鲁里亚建筑最具特色的特征是门口处向内倾斜幅度很大的侧面以及悬垂的门楣。有时这些结构被象征性的装饰纹样所代替，例如图中所示为阿索城堡的一座伊特鲁里亚墓穴的门，其周围被雕刻环绕。它可能源自埃及的样式。

双门

图中这座重建的厄瑞克修姆神庙位于雅典卫城的北面，它有一对大型的双门。门的周围环绕着简单的玫瑰花饰带，但顶部则饰以更加精致的凸出檐口，该檐口由一对支架支承，门框的两侧向内稍稍倾斜。

塔门

通向雅典风之塔（公元前 1 世纪）的门有一个三角楣饰，由一对带有经过改良的科林斯式柱头且有凹槽的柱子支承。门的侧面依然向内倾斜一定的角度，但这个角度几乎被环绕带所掩盖。

拱形入口

位于叙利亚特曼尼的早期基督教教堂（5 世纪）的入口，借用了古罗马凯旋门的形式，即一座中央拱门加上两侧的两个更小的拱门。在门廊或前厅里面，真正的门有一条带有厚重檐口的铸模环绕带。

门廊是一种位于建筑物前面或者围绕着建筑物的带顶棚的人行通道。它上面也可能有山墙。用带顶棚的、一面或多面开放的空间环绕一座建筑，这个理念非常古老，但在大多数炎热的国家普遍流行。古希腊和古罗马神庙的门廊根据柱子数量和布局进行非常精细的设计，无论其位于建筑物前、两堵凸墙之间，还是仅仅作为一种象征性的柱廊附着在立面上。在新古典主义时期，也沿用了同样的门廊建造规则。

六柱式

常见的门廊布局包括八柱式（八根柱子）、六柱式（六根柱子）和四柱式（四根柱子）。偶数的柱子数量创造出奇数的开口数量，使得开口可以直接通向位于立面中央的大门。图中这座位于英国伦敦的古希腊复兴式圣潘克拉斯教堂（1819—1822年）的门廊是六柱式。

双柱门廊

一座双柱门廊，被包围在两段短的凸出墙柱（壁角柱）之间，这种墙柱以方形的凸出壁柱收尾，该门廊也以此结束。图中这座位于古希腊的拉姆诺斯神殿的门廊是双柱式，只有两根柱子，但更多的柱子也可以这样使用。

列柱廊

将建筑物完全包围在内，位于独立柱形成的围幕后面的柱廊，被称为列柱廊。位于古希腊雅典的赫夫斯托斯神庙的列柱廊是围柱式的，因为它有单排的柱子，而有双排柱子的则称为四周双列式。

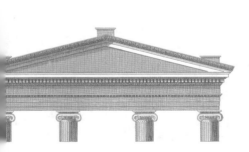

三角楣饰

三角楣饰是门廊的一个关键元素。它由门廊柱上的柱上楣构支承，并且作为坡屋顶的山墙末端，三条边都装饰了线脚。带三角楣饰的门廊后来常常独自出现，作为一种大型装饰元素使用。

附壁柱门廊

图为1世纪建于法国尼姆的古罗马圣母大教堂，沿着它的两侧，柱子被嵌入内殿建筑的侧墙之中，创造出一种所谓的附壁柱门廊。然而，建筑前面的柱子凸出建筑，在那里形成了一个前柱式（凸出的）门廊。

门与门廊・罗马式

　　罗马式教堂的建造者们非常重视门的设计和制作。门的形状通常紧跟圆拱这种当时流行的风格样式，周围用多层饰物隆重装饰。拱顶山墙的三角面部分（门楣中心）用来放置雕塑，建筑物厚厚的墙体使门窗边框向内倾斜，用层层叠叠的装饰来加以美化。建筑内部的空间划分为中殿和侧廊，通过多样的门清楚表达。中央大门一般保留在盛大游行中使用，而侧门用在普通的场合。

嵌壁式门

西班牙巴塞罗那圣保罗教堂建于11世纪，它朴素的外立面突出了重点装饰的门。门周围的区域进行了加厚处理，这样可以使门深深地嵌进去，门的上方是带雕刻的门楣中心装饰。

凸出的门

11世纪晚期，位于法国阿尔勒的圣托菲姆教堂的门，有一段凸出来形成浅门廊的环绕结构，可能是对古罗马柱廊的改良。这个门有一个山墙顶，上面的拱由雕刻的檐壁支承，像一个柱上楣构支承在矮柱上。

带雕塑的门

西班牙圣地亚哥德孔波斯特拉大教堂西门的每一部分都覆盖着雕塑，包括代表基督荣耀的门楣中心装饰，以及支承它的（门洞）间柱。门框是雕成人物形象的柱子，另外，拱门的周围也有人物雕刻。

式样

"式样"这个专有名词是指罗马式和哥特式建筑中柱子上的拱形线脚。靠近德国纽伦堡的海尔斯布隆的这扇门有四种式样，其中最外层式样是粗线或绳索造型。这扇门本身具有三叶形顶饰。

门楣中心

这座12世纪初期英式大门上方的拱顶有一块门楣中心饰板，中心雕刻有基督像，两侧为天使像。门侧壁上的雕塑有些模糊不清，其中一侧可能雕刻的是亚当和夏娃，另一侧可能是一个狩猎的场面。

门与门廊·哥特式

总体而言，哥特式建筑门和入口的基本布局与之前的罗马式建筑相比变化甚微。主要的西入口有三扇门——分别通向中殿和两边的侧廊，这一布局方式保留了大教堂的一个关键特征。在哥特式建筑中，门的形式也紧跟潮流而变，特别是引入了尖拱的形状，同时采用了当时流行的精细的线脚、卷叶饰以及叶饰柱头等装饰形式。门本身也经过装饰，尤其晚期哥特式建筑，门已经成为雕刻装饰（如实心窗格饰板）的专属领域。

三重门

一座三重门由三扇单独的门组成，分别通向中殿和两边的侧廊，这是哥特式大教堂设计的一个关键元素，如图中所示为法国兰斯（法国东北部城市）的教堂。正门本身向外凸出，为层层叠叠的装饰提供了空间，同时每个开口处又分别通过带有卷叶式浮雕的山墙加以突出。

门廊

图中这座哥特式教区教堂的门廊应该是作为信徒们进入建筑时避雨之用，但其内部空间以及本身也会作为一个有用的场所供人们使用。教堂门廊用于婚礼仪式的第一部分，也用于签订合约，以及作为学校教室。

拱檐线脚

在这座 15 世纪的英式大门上方的方形线脚称为拱檐线脚或泻水线脚。中世纪晚期建筑的一个常见特征就是两端有人脸图案装饰的末端。入口本身有一个安置在方框内的四心券头形装饰。

带状砖砌入口

图中这座哥特式晚期的砖砌房屋有一个相对简单的入口，它由带状的、明暗相间的砖砌筑而成，但没有雕塑，因为雕塑在砖上很难实现。

实心窗格饰板

在哥特式建筑中，不光是门框，很多时候门本身也常常进行装饰处理。图中这种实心窗格饰板来自一扇位于德国布劳博伊伦修道院的门，使用了由矩形板、叶尖饰和葱形曲线组合而成的中世纪晚期的典型图案。

门与门廊·文艺复兴式

文艺复兴时期，古代传统的尤其是古罗马时期的设计形式得以复苏，对门的设计产生了重要影响，之前的哥特式风格逐渐被古典形式取代。基于神庙正面而设计建造的立面流行起来，同时，周围饰以连续线脚（额枋）的矩形门框也再一次普遍使用，门的顶部有支架支承的檐口。门上装饰着受古罗马影响的图案，如方格顶棚。拱门依然存在，但此时的拱是古罗马风格的圆形，且常常带有醒目的拱心石。在欧洲北部，建筑的门常常装饰得异常精致壮观。

凯旋门拱

文艺复兴时期的建筑师反感对哥特式风格的过分崇尚。巨型壁柱、凯旋门和厚重的三角楣饰等建筑元素得以复兴并应用于教堂和宫殿的正立面中。图中这座位于意大利曼托瓦的圣安德烈教堂（始建于1470年）有个中央凯旋门拱，两侧设有巨型壁柱，相比之下，真正的门显得无足轻重。

带花格镶板的双门

这扇通往佛罗伦萨的鲁切拉宫的门，具有带装饰线脚和凸出檐口的矩形框，是来自古代建筑样式的带花格镶板的双门。门的外立面直接与壁柱相铰接，低层是多立克柱式，高层是科林斯柱式。

毛石砌筑的入口

16世纪罗马法尔内塞宫有一个简单、宏伟的入口，这个入口仅仅在环绕开口的（楔形）拱石（即成型的石块）上装饰有突出的毛石。这种模式不是对古代形式的直接复制，而是建筑师从过去的建筑形式中得到灵感启发。这种模式在文艺复兴时期逐渐发展起来。

别出心裁的装饰

建于1595年的位于荷兰莱顿城镇的市政厅入口，是典型的北欧文艺复兴式建筑。它使用了标准的意大利元素，如柱子上的柱上楣构、圆形拱和壁龛，并用别出心裁的装饰元素进行了精心装饰。这些装饰元素基于法国样式，在过去的建筑中很少应用。

带状饰细部

英国诺福克的布利克林大宅（1612—1627年）的入口有一座高大突出、两侧带有飘窗的门廊。它那复杂的带状饰细部受到低地国家建筑的影响。入口边的凉廊主要受意大利建造风格的影响，但它仍然使用了许多北方建筑的细节。

门与门廊·巴洛克式与洛可可式

除了窗，门也是巴洛克式和洛可可式建筑重要的装饰方面之一。当时，门饰最常见的是三角楣饰，它可以是圆形的或尖形的，可以在所谓的中断式的（或分离的）底座或顶端进行额外的装饰，而且它自身也常用雕塑装饰。门的新型环绕带，特别是带有突出的交替出现的砌体块的带状环绕带，也在这一时期很流行。在洛可可风格的室内装饰中，门失去了一些它原有的价值，成为覆盖室内全部表面的整体装饰方案的一部分。

巴洛克式门

位于罗马的耶稣会教堂（始建于1568年）是一个后来被广泛仿效的巴洛克风格设计的早期案例。它的三扇门，即分别通向中殿和两边侧廊的门，仅仅作为双层立面的一个元素使用。这个双层立面使用了曲线形和尖顶的三角楣饰，以及贯穿两层的壁柱。

有石块装饰的环绕带

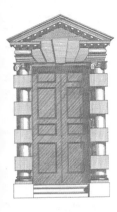

石块柱，即用稍大一些的方形石块相间排放的柱式，是一种典型的巴洛克风格造型，用于在建筑的开口处增添趣味和变化。图中的石块柱被用在入口处，它还有一块突出的拱心石"下降"到门的边缘。

中断式三角楣饰

中断式三角楣饰使得建筑形式更加丰富和精致。如图所示是一段来自英国伦敦宴会厅的内门的装饰带，有一个带楣饰的额枋。这座建筑由伊尼戈·琼斯（1573—1652年）设计。在门的环绕带的上部，支架上有一座从顶点处中断的三角楣饰，在三角楣饰中心有一座女人胸像。

带耳饰的额枋与镶板

在英国伦敦的克伦威尔房屋建筑中，一个有着中央尖顶的中断式三角楣饰使17世纪中期的门变得更加丰富完整。门上的八块镶板自下而上逐渐变小。最上面的镶板和额枋都有耳饰，在额枋上还有装饰带。

男像柱

晚期巴洛克和洛可可风格的门结合了各种各样的装饰细节，以打造奢华的入口。就像图中所示这座凸出的门廊。男像柱支承着门廊上的阳台，并添设了其他神话人物。带镶板的双门通过扇形窗、各种贝壳和帷帐组合衔接在一起。

门与门廊·新古典式

新古典式大门设计的关键点是对带三角楣饰的门廊的使用，要么是一整个门廊，要么是建在门上方的更小、更简单的门廊。这些门廊通常与柱子相组合，经常使用精致的带托饰的檐口和其他大胆的装饰。新古典主义风格的门通常是镶板门，其中六镶板布局方式最常见。门周围环绕着玻璃窗，包括门上的扇形窗和紧挨着门的侧窗。建筑内饰也使用镶板门，但这种门往往带有用石膏和其他精致的材料做成的复杂装饰。

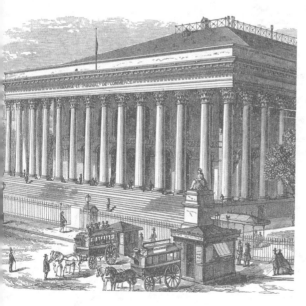

科林斯式柱廊

巨大的柱廊不但可以重拾人们对古代辉煌的记忆，还能够给建筑增添庄严宏伟之感，同时在拥挤的城市环境中成为一种标识。图中所示是 18 世纪早期，建于法国巴黎的证券交易所，正面有一座贯穿其整个宽度的科林斯式柱廊。真正的入口门隐藏在柱廊之后。

扇形窗

门上方的拱形窗被称为气窗或扇形窗，这个名字与通常用在这种窗上的放射形设计有关。图中这个法国新古典主义案例在拱形头部下面有一个中心圆形饰物，还有精致的铁艺，但更加简单的放射形设计也很常见。

精致的细部

室内的装饰往往比外部的装饰更加精致，因为内部空间的精致细部更容易保存。图中这扇室内的新古典主义风格的门有一个带耳饰的额枋，额枋上是一段檐壁，檐壁中心是一个半身像式圆形浮雕，两侧为坐立的女像柱，一起支承着檐口。檐口之上是古希腊标志性的设计——回纹。

带三角楣饰的门廊

图中这座门廊采用了柱廊的形式，并将规模缩小。侧面的柱子在视觉上起到连接门廊和房屋的桥梁作用，整座门廊自地面而起，拾级而上。它的细节包括科林斯柱和一座厚重的带托饰的檐口。门本身是六镶板布局的。

侧窗

门开口两侧的狭窄窗称为侧窗。如图所示，建于1814年，位于美国肯塔基州列克星敦的亨特－摩根故居中，侧窗与扇形窗组合在一起。这种布局方式与帕拉第奥式窗的设计很有渊源，但事实上这里的扇形窗比帕拉第奥式窗的拱形结构上部要宽一些。

　　和 19 世纪建筑的其他方面一样，门的设计采用了多种多样的复兴风格，通常是人们渴求的设计风格的关键组成部分。哥特复兴式风格的门和门廊特别受欢迎，因为通过使用拱门或者彩色玻璃就能唤起哥特式风格的复兴，尽管此时也使用了古典主义风格的细节。新的建筑类型，例如公寓大楼、仓库、工厂等，都需要新形式的入口，它们必须足够大，以满足车辆以及人流进出，并且能充分展现大型建筑的恢宏气势。

哥特复兴式门廊

图中这座半木结构村舍的门廊是哥特复兴式风格的一个重要组成部分，其侧面开口设置在低矮的石墙上。实际上它是基于教堂的门廊样式而设计的。这个入口本身有一个四心拱的开口，通过被其遮盖着的真正的门可以反映出来。

车辆（出入）门道

车辆（出入）门道是法国公寓建筑最鲜明的特征之一。其巨大的门可供带篷车辆进出，两侧的门直通居住区。这个术语也用来指一种大型的户外门廊，可以供马车或其他车辆行驶通过。

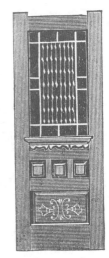

局部安装玻璃的门

局部安装玻璃的门，即上部是玻璃，下部是木材的门，在19世纪晚期和20世纪早期很受欢迎。它们不仅被用作大门，还被用作内门，可使光线在房间之间得到共享。图中这个案例使用的是蚀刻玻璃，但彩色玻璃也经常被使用。

整体式门廊

如图，这些通向英国伦敦维多利亚晚期的一栋排房的门设计时向后安置于整体式门廊之下，以使在不拓宽房屋前屋檐的情况下，开门时不至于淋雨。图中这两个门廊由一个独立的扁拱统一起来，这个拱被架在早期哥特式风格的壁柱上。

新艺术风格式入口

图中这个位于巴黎的入口，由法国新艺术运动时期建筑师赫克托·吉玛德（1867—1942年）设计。他利用铸铁和玻璃的结构潜能，创造出一种非常优雅和蜿蜒的设计形式。由于结构金属的发展，如此大面积的玻璃使用才成为可能。

古希腊横梁(梁柱)结构和幕墙结构的相似之处，是都使用互锁的水平框架和垂直框架，这意味着古典柱廊是 20 世纪建筑师的主要灵感来源。就像古代的案例中所展示的，连续的柱廊常用来统一进入非常大型的建筑的入口。幕墙建筑技术的引入和平板玻璃制作技术的改进，也使全玻璃立面的结构，包括全玻璃门成为可能。这些技术创造出奇特的效果，人们可以看到建筑的内部，却很难看出建筑是如何开门的。

全玻璃正立面

位于英国伦敦的彼得·琼斯百货商店是首先拥有由巨大钢梁支承的全玻璃正立面的建筑之一。这些技术不仅使该建筑拥有连续的玻璃窗，而且玻璃门也吸引了潜在的购物者进入大楼。

带柱廊的立面

人们很难找出进入法国巴黎附近的萨伏伊别墅的入口，它是由现代主义建筑大师勒·柯布西耶于 1928 年设计的。因为他的这件作品不是为步行者而是为驾车者设计的，人们可以驾车顺着一条斜坡驶入建筑，这条斜坡位于支承建筑的柱廊后面。

塔司干柱式门廊

图中这座 20 世纪早期的郊区房屋的门廊，被试图作为一个户外生活的空间使用。它是一座塔司干柱式门廊，这样的门廊非常常见，一是因为它们与意大利文艺复兴时期的凉廊有关，二是因为它们造型简单、造价低廉。

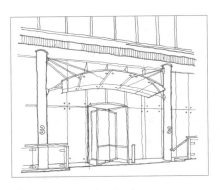

玻璃雨棚

图中，一个玻璃雨棚凸出于入口之上，这个设计使伦敦这座有着纯玻璃立面结构的办公大楼的正立面清晰地表达出来。入口处的玻璃旋转门，以及两侧的消防用固定门，满足了视觉需求和功能性需求。

统一的立面

美国纽约林肯艺术中心音乐厅立面的支承结构，创造了一个灵感来源于古希腊样式的入口柱廊。如同一座古典柱廊，它具有可以提供多个入口的优势，同时也创造出一种完全统一的立面。

窗·综述

　　英语中的"窗"一词源于古挪威语中的"风眼"，而窗是一座建筑中最重要的特征之一，它不仅能让光和空气进入到建筑内部，同时还像建筑的眼睛一样，是一座建筑的主要特色。窗的风格随着时间的推移发生了巨大变化，因此，通过辨别不同风格的窗来判断建筑物的年代是一个很好的方法。本节将向读者概要介绍有关窗的重要发展。但要注意，窗是可以被更换的。窗是一座建筑中最容易改变的特征之一，纵观历史，人们总是用这种方式来更新建筑。

翻新的窗

建筑物中存在不协调的风格可以作为建筑物曾被翻新改动过的一条线索。例如，在如图所示的英式塔楼的低层窗中，里面有哥特式垂直风格的窗饰，外面有厚重的罗马式装饰，这表明它里面的窗饰是在后来的改动中新加的。

推拉窗

推拉窗是 18 世纪和 19 世纪英国与美国建筑的独有特征，它可能是由英国科学家罗伯特·胡克（1635—1703 年）发明的。这种窗上的玻璃镶板可以相互垂直滑动，而且单独的推拉窗还可以通过木质窗格条或者玻璃条分隔成较小的窗格。

镶边石

通常，由石头或砖块建造起来的建筑的窗会有一列长短交替的石头或砖块作为边缘，就像图中的这扇罗马式风格的窗。就算窗上的玻璃窗格被移走，并且窗被堵塞起来，镶边石也通常保留，从而为该窗之前的存在提供线索。

平开窗

平开窗在哥特式建筑和文艺复兴建筑中很常见。至今，它们仍然流行于欧洲并且广泛应用于现代建筑中。平开窗的侧面、顶部或者底部甚至中间都可以铰接。这些平开窗像小玻璃门那样向外打开的面板。

老虎窗

老虎窗，即从一座建筑物的屋顶向外凸出，位于其自身的小屋顶下面的一种窗，可以用来在不增加整体高度的情况下在屋顶上提供额外的生活空间。图中所示 18 世纪美国的老虎窗有一扇帕拉第奥式推拉窗，当然，平开窗也常常在老虎窗中使用。

窗·古希腊风格和古罗马风格

作为建筑的一部分，如同建筑一样，古希腊和古罗马风格的窗通常使用一种横梁（梁柱）结构来建造，以创建出一个矩形的开口。开口的环绕带常常向内倾斜，这样可以更好地支承过梁，并且创造出吸引人的形状。一些古典的建筑，比如神庙，尽管只有少量的窗，但仍然用壁龛来进行装饰。它们可以将雕像包含进去，且以一个小型三角楣饰作为顶部。

无窗建筑

大多数古希腊和古罗马的神庙，包括图中所示的位于法国尼姆的四方神殿，无论内殿还是中央神殿，都没有窗。在新古典主义时期，将神庙的形式用在带窗的建筑中对当时的建筑师来说是个难题。

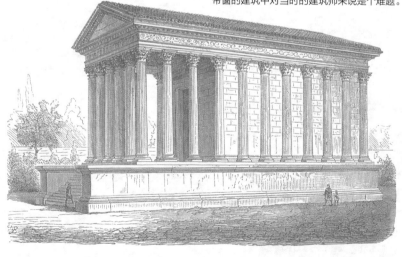

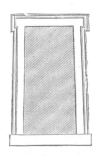

维特鲁威式窗

维特鲁威式窗往往上窄下宽，窗框非常简单，两个顶角处有很小的耳突装饰，是新古典主义建筑的一个重要特征。如图所示为古希腊雅典的厄瑞克修姆庙的窗。

蒂沃利式

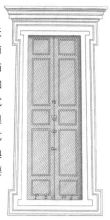

图中这扇窗来自罗马蒂沃利的维斯塔神庙（公元前80年），与厄瑞克修姆庙中的窗类似，但在底部和顶部都有耳突。蒂沃利式窗通过安德烈·帕拉第奥的设计得以复兴，在文艺复兴、巴洛克以及新古典主义建筑中都是一种重要的形式。

壁龛

除了窗，许多古罗马建筑中会有类似形状的壁龛用来放置雕像，或者仅仅作为装饰。罗马万神殿中的壁龛，在较低楼层上饰有交替的三角形和弧形的三角楣饰，而在较高楼层上则饰有简单的檐口。

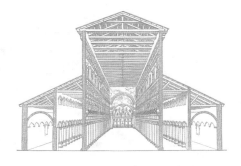

改善的采光

基督教非常看重并主张信徒在礼拜仪式时可以清楚地目睹整个过程，所以早期基督教堂内部的光线要比古老的神庙中更充足。位于罗马的老圣彼得教堂的半圆形后殿有窗，另外教堂过道的窗和高层的天窗将充足的光线引入位于中心的教堂中殿。

窗·罗马风格

罗马风格的窗通常采用圆拱建造，在窗的顶部形成一个圆头。注重结构意味着大多数的罗马式窗很小，且常单独或以小群体的形式出现。在早期哥特式建筑中，随着尖拱技术的发展成熟以及建设者对石制建筑结构属性的使用得心应手，更大、更高的窗开始出现。这些早期的哥特式窗是又高又细的尖头窗，但很快就成批使用并发展出不同的大小和形状，这为 13 世纪更加精致的、带窗饰的窗的发展奠定了基础。

宽间距圆头窗

图中这个典型的罗马式立面于 12 世纪晚期出现在德国的沃尔姆斯大教堂上，上面排列着宽间距的无窗饰圆头窗。教堂的耳堂有一组更具装饰性的三扇窗，这些窗间距也很大，以免影响无扶壁结构墙体的稳定性。

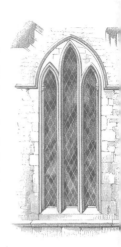

柳叶窗

图中这种又高又细的窗有一个尖尖的顶部，且内部没有分隔，这种窗类似一种医疗工具——柳叶刀，所以被称为柳叶窗。柳叶窗是 12 世纪末到 13 世纪初的早期哥特式建筑的特点，那时窗饰还没有得到发展。

波浪形装饰

图中这个来自英国温彻斯特圣十字架医院的英式窗，通过一对小柱和一条围绕窗顶部的波浪形装饰，在窗内面增加了额外的趣味性。窗本身是大大展开的，以便让更多的光线透过小开口照进屋内。

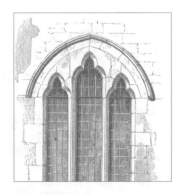

八字窗

窗开口的内面边缘可以倾斜或张开，以使更多的光线进入。八字窗在罗马式和早期哥特式建筑中特别流行，那时窗很小。八字窗还可以设计成特殊角度，使光线直接照射到建筑的特定部位。

阶梯式柳叶窗

图中是三扇 13 世纪早期的三叶饰的柳叶窗组合，中间那扇窗比其他两扇稍高，创造出一种阶梯式的布局方式。为了大大减少开口间堆砌的石块数量，阶梯式柳叶窗也出现过五个一组的，代表着窗饰发展的一个重要早期阶段。

窗 • 哥特风格

哥特风格的窗以尖拱、彩色玻璃和窗饰为特征。板状窗饰在 13 世纪早期得到发展，它使开口看起来像是穿过了墙体的表面，但建造者很快意识到使用交叉拱和曲线可以创造出更加开放的条饰窗格图案。早期的窗饰使用像拱形、圆形和三叶形这样的几何形状，但 14 世纪反向 S 形曲线的引入使得更加复杂和曲折的图案得以发展。石质窗饰图案通常会辅以装饰性的彩色玻璃一起使用。

条饰窗格

图中这扇玫瑰花（圆）窗饰有条饰窗格，这种窗饰在 13 世纪中期取代了板状窗饰，促进了精致图案的发展。摒弃将窗视为带有玻璃开口的固体表面的设计理念，此种窗饰以玻璃为主，石材仅仅作为玻璃之间曲线形的窗格。

彩色玻璃窗

彩色玻璃窗，例如图中这个来自法国欧塞尔的13 世纪的案例，由不同颜色的小片玻璃组成，通过铅条固定在一起。这种窗是哥特式建筑的特征，通常描绘传奇故事、圣徒人物和几何图案。

板状窗饰

板状窗饰呈现出成型的开口横穿过墙体的外观。图中的这扇板状窗饰玫瑰花（圆）窗来自法国沙特尔大教堂，有一个多叶饰的圆盘装饰位于两扇柳叶窗之上，上面环绕着四叶饰图案。这种设计是将许多独立的窗以一种极具吸引力的布局方式组合在一起，凸显出整体效果。

网状窗格

图中这扇来自雷丁修道院的英式窗，在顶部有左右蜿蜒、错落有致的 S 形曲线装饰，创造出一种环环相扣的网状图形，因此这种窗饰被称为网状窗格。在 14 世纪，这种网状窗格特别流行。

屋顶天窗

在哥特式建筑中，尖顶上往往装饰着小型老虎窗，称为屋顶天窗，比如图中这个建于 1400年的英格兰北安普敦郡威尔比的英式窗。屋顶天窗主要起装饰作用，同时也有助于尖顶内部的通风，并在进行室内修缮时提供照明。

在哥特式晚期，窗花图案非常精致，有着复杂而流动的S形曲线。特别是在英国，窗头部或顶部的S形窗花通常与垂直竖框和水平横档相结合，以创造出一种带镶板的效果。15世纪，文艺复兴运动在意大利兴起，但哥特式风格在北欧一直持续至16世纪。然而，新的文艺复兴风格悄然出现，并结合了传统的哥特式元素，成为一种既不完全是哥特式风格也不完全是文艺复兴风格的新风格。这种风格使用了较简单的、受文艺复兴风格影响的窗饰图案，这些图案使用得很少或完全摒弃了复杂精致的细节。

华丽的窗饰

在哥特式晚期，S形曲线用于创造复杂的流动图案，例如图中这些窗饰图案源自1450年建造的法国迪南圣玛丽教堂。它以一种泪滴形图案为特征，"火焰式"（像火焰）"曲线式"和"流动式"都是人们对这种窗饰的称呼。

垂直式窗饰

英国的晚期哥特式建筑被称为垂直式风格，这个名称很大程度上来源于其创造的特有的镶板效果。如图中所示，通过使用垂直竖框和水平横档，创造出相互垂直的效果。

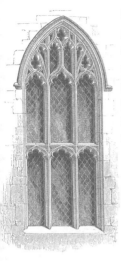

拱檐线脚

图中这扇16世纪早期的英式窗有一个方形的顶部，包围着通过横档分隔开的两排开口。围绕在窗外面的是一个拱檐线脚，即一个突起的、有三条边的带状造型，端头通常带有装饰，可以防止雨水直接滴落在玻璃窗上。

无尖头的窗饰

北欧早期的文艺复兴见证了古老形式的消亡和圆拱这样的古老元素的重新引入。位于法国巴黎的圣厄斯塔什教堂（始建于1532年），圆头窗有无尖头的采光孔，而S形曲线形成了强硬而流畅的弧形，不再带有精致的装饰。

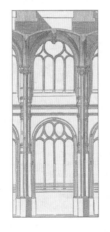

文艺复兴风格与哥特风格混合式的窗

图中这座法国16世纪早期的圣洛朗教堂，其窗是文艺复兴风格与哥特风格混合使用的经典案例。该窗的整体外观和高大的竖框保持着哥特风格挥之不去的印记，但周围却使用了受文艺复兴风格影响的装饰图案。

在意大利，文艺复兴早期的窗往往是双孔（两叶）的，即在一个大的开口中间有两个圆头开口，这种形式实际很大程度上借鉴了早期的哥特风格。然而，源于古罗马的建筑形式逐渐成为主流，包括三角楣饰、檐口、古典柱式和壁柱。设置在檐下的古罗马拱式窗也很流行。随着文艺复兴的发展，窗逐渐变成矩形，而且上面有三角楣饰结构，即在开口上方设置小型的装饰山墙。在欧洲北部，竖框和横档仍然流行，同时，矩形窗户和三角楣饰的使用也与日俱增。

交替的三角楣饰

冠以三角楣饰的高大矩形窗与同样冠以三角楣饰的圆形壁龛组合在一起，令罗马圣彼得教堂的东端形式丰富且情趣盎然。其高侧窗形状为水平矩形，设在装饰支架上的檐口独具匠心。

拱形窗

建于15世纪晚期，位于威尼斯的圣马可大教堂，其古罗马拱形窗被设置在一个由壁柱组成的建筑框架之中，壁柱支承着三角楣饰上方的柱上楣构。这种风格的窗结合了圆头壁龛和圆形山墙，遗留了少许哥特风格元素。

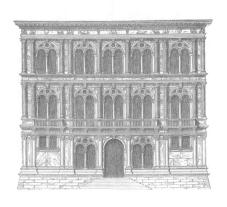

双孔窗

图中这座16世纪早期的意大利威尼斯宫，其窗为双孔窗，即一个大的圆拱被分成两个圆头采光孔，上方有一个小圆窗作顶。这种窗的造型也叫威尼斯拱，在当时的意大利和北欧建筑中十分流行。

竖框和横档

到了16世纪后期，窗变成了典型的矩形，并且被相互交叉的垂直竖框和水平横档分隔成许多窗格。像16世纪晚期英国威尔特郡的朗利特这样的英国文艺复兴时期的豪宅通常有无数的大窗，用来展示主人的财富。

凸窗

高高的凸窗强化了建筑立面并与相邻的塔呼应，是典型的文艺复兴时期宫殿和豪宅的特征。始建于16世纪的丹麦弗雷德里克城堡，在山墙端墙上有曲线形的凸窗，而在主立面上则有方形的凸窗。

与巴洛克建筑的其他方面一样,巴洛克风格的窗也是在文艺复兴风格的基础上建立起来的,但是在外形的变化尤其是曲线的使用上更为精致。三角楣饰在巴洛克式窗中占主导地位,而且其类型和形式不断发展,包括顶部中断式和底座中断式。在巴洛克晚期和洛可可时期,三角楣饰通常变得极为复杂。新形状的窗,例如椭圆形的牛眼窗,得到发展,新型的环绕带也是如此,包括那些利用毛石、带状砌体以及巨大拱心石建造出来的样式。

巴洛克风格的组合

在奥地利萨尔茨堡的窗中,我们可以看到巴洛克晚期建筑多变和富有创造性的特征。建筑主要的后殿和塔楼是混合式的,将圆头和突出的拱心石以及复杂的三角楣饰组合在一起,此外,在中殿和穹顶的高侧窗中还有椭圆形窗。

底座中断式三角楣饰

图中是 16 世纪法国第戎的时尚酒店的一扇窗户，有一个底座中断式三角楣饰，即三角楣饰的底座是断开的。图中的这个案例在花环之间精心制作了一座女性半身像，达到一种丰富又精致的效果。

牛眼窗

椭圆形或圆形的窗在巴洛克时期十分流行，通常被称为牛眼窗。它们常常由装饰性的环绕带包围起来，最常被用在山墙、老虎窗和屋顶上，在这些地方，打破常规的形状为建筑的上部空间增加了更多的视觉趣味。

下坠式拱心石

图中这扇窗有三块超大的拱心石，底边悬垂于环绕带上缘的下方，这种布局模式被称为"下坠式拱心石"。它是巴洛克风格的一个普遍特征，巴洛克风格特别注重窗头部分的装饰，在这里，它们与突出的毛石砖块砌筑的环绕带一并出现。

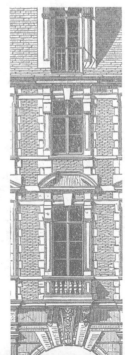

落地窗

落地窗是可以一直打开到地面的全长式门式窗，人们可以像通过门一样通过它们而进出露台或阳台。它们起源于法国文艺复兴建筑和巴洛克建筑，比如法国巴黎的皇家宫殿。现在，这种窗广泛应用于更为普通的住宅中。

　　16 世纪意大利文艺复兴时期著名的建筑师安德烈亚 · 帕拉第奥的设计作品在 18 世纪集结成书出版后，在业界内产生了非凡的影响，尤其体现在窗的设计上。帕拉第奥的设计案例中最初广泛使用的窗的风格奠定了 18 世纪和 19 世纪新古典主义建筑的设计基调。以设计者名字命名的帕拉第奥式窗，中央为圆拱形开口，两侧是稍小一些的矩形开口，矩形开口之上的柱上楣构支承着中心拱。帕拉第奥也使用戴克里先式窗，这种窗呈半圆形，在诸如山墙和高侧窗等高层结构上很受欢迎。

多元的帕拉第奥形式

在 18 世纪早期，英国伦敦的伯灵顿宫使用了几乎所有主要的帕拉第奥和新古典主义形式的窗：下层带有凸出的下坠式拱心石的窗周围由毛石砌筑而成；建筑两侧的窗为帕拉第奥式；建筑中部的窗则带有尖形和圆形交替出现的三角楣饰。

帕拉第奥式窗

由安德烈亚·帕拉奥设计的帕拉第奥式窗也被称为威尼斯窗或瑟里安窗，在新古典主义时期非常流行。帕拉第奥式窗的中心是圆拱形开口，两侧是一对由柱子和柱上楣构组合而成的小型直立采光口。与此相类似，门也可以采用这种方式进行建造。

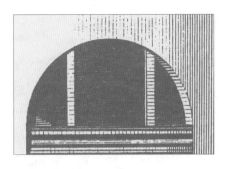

戴克里先式窗

一种半圆形窗，通常被两个垂直的竖框分隔成（如图）三个部分，称为戴克里先式窗或者保温窗。戴克里先式窗起源于 4 世纪早期的罗马戴克里先浴场（温泉浴场），它通常用于新古典主义建筑中的山墙窗和其他高层开口之中。

帕拉第奥式的影响

在 18 世纪，帕拉第奥的设计理念对于普通住宅有着深远的影响，并促成了格鲁吉亚式（英式）和殖民地式（美式）风格的形成。不仅他设计的巴西利卡和四坡屋顶很流行，他设计的帕拉第奥式窗（图中一楼的窗）和三角楣饰也成为时尚。

毛石环绕带

图中这座 18 世纪早期的英国伦敦住宅的窗被安置在毛石拱廊之中。在较低的楼层中，窗是一种简单的拱廊；而在较高的楼层中，窗附带着由连着壁柱的柱上楣构构成的窗框。这些开口本身可能带有推拉窗，但在这张图中没有展示。

窗·新古典主义风格

在 18 世纪晚期和 19 世纪早期的新古典主义时期，古希腊风格的回归取代了在文艺复兴时期、巴洛克时期和帕拉第奥时期盛行的古罗马风格。需要特别指出的是，门廊和连续柱廊是古希腊风格的关键形式，但这却引出了一个问题，就是古希腊神庙没有窗，因此建筑师便投身于找寻一个新方式，即使用门廊形式的同时保证在室内引入足够的自然光。就实际的窗形式而言，矩形推拉窗是最常见的，而且通常尺寸各异，它可以在立面上创造出令人愉悦的视觉比例。

镶玻璃的柱廊

由弗里德里希·申克尔设计的，建于 1818—1821 年的德国柏林宫廷剧院，展示了这位伟大的建筑师是如何将通常没有窗的古典神庙形式与一座需要很多窗的建筑结合在一起的。他通过沿着建筑立面设置镶玻璃的柱廊来实现这一目的。

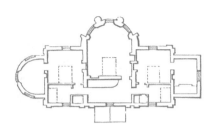

推拉窗

图为位于纽约的已被拆除的阿普拓普房屋（建于1762年），在它的主要楼层中有顶部带三角楣饰的矩形推拉窗，而在老虎窗上部和内部还有更小的方形推拉窗。窗的大小取决于房间的属性和位置，因此在房屋顶部的窗会更小一些。

弓形窗

弧形的凸窗通常被称为弓形窗，它的外观优美高雅。在18世纪末和19世纪初，弓形窗特别受欢迎，而且有时通过在室内构建出另一条镜向的曲线，创造出一个椭圆形的房间。

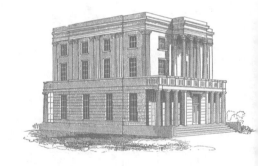

新古典主义元素

图中这所建于1800年、位于美国马萨诸塞州塞勒姆的房屋受到18世纪英国建筑师罗伯特·亚当的影响，采用了典型的新古典主义元素。它下层的窗被安置在盲拱廊中，而上层的窗则被框在壁柱之间。其顶层的小方窗是那个时期的典型样式。

新古典主义别墅

图中这座19世纪早期的英国别墅，其新古典主义神庙风格的外壳仅仅是看起来如此，因为推拉窗"出卖"了它实际上是一所住宅的事实。建筑师们发现，最好将门廊设置在建筑的前面，这样更易于室内采光充足。

维多利亚时期以一系列复兴风格以及混合风格为主导，混合风格结合了很多不同时期的特点。这一时期窗的主要类型仍然是推拉窗，但形式不同，比如有代表哥特式复兴风格的尖拱，或者代表安妮女王风格的不同图案的玻璃格条等。凸窗非常流行，倾斜的或带角度的凸窗在 19 世纪中期最为流行，而更平坦的方正凸窗在 19 世纪晚期和 20 世纪早期更加流行，但是带角度的和倾斜的凸窗也有应用。

排屋的凸窗

凸窗在排屋或者成排的城市房屋中很受欢迎，因为它们不需要占用太多额外空间就能让一个密闭区域增加采光量。同时，它们也为又长又闷的街道立面提供了更加令人愉悦的节奏。

哥特风格的推拉窗

在哥特式复兴时期，哥特风格的推拉窗应运而生。图中这些案例拥有各种各样的尖形和葱形的头部，并结合了传统滑动式推拉窗的拱形线脚。哥特风格的推拉窗能够在无须改变基础结构方式的情况下给房屋带来一种别样的韵味。

安妮女王风格的凸窗

带有小方形和矩形几何图案的凸窗，通常位于上部，是安妮女王风格的一个关键装饰性组成部分。这种窗户流行于 19 世纪晚期，与真正的 18 世纪初期英国的安妮女王风格完全无关。

外墙上的盲窗

图中这样的框架，即看起来像外部的木质窗帘盒或帷幔的结构，可以在一些 18 世纪或 19 世纪房屋的窗上方看到。它们非常具有装饰性，与户外的遮阳帆布或盲窗和谐搭配，这在当时是非常时尚的形式。

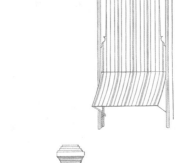

全玻璃推拉窗

图中这些窗的每一扇都有一块单独的玻璃，它们没有被玻璃格条划分开来，这是 19 世纪中期以后常见的一种布局形式，并延续至今。这些大面积的玻璃的制造得益于玻璃制造技术的不断完善提高，使其生产成为可能。

现代商店的橱窗采用大面积的玻璃，这是一种相当新的发明。古代也有商店，古希腊甚至有购物中心，被称为敞廊（stoas），但它更像是后面带有上锁区域的市场摊位。到了中世纪，按规划建造的商店带有木质护窗板，成为城镇和城市里非常普遍的形式。18 世纪玻璃制造技术的提升引领了玻璃店面的发展，而在 19 世纪晚期和 20 世纪初，平板玻璃和幕墙技术的产生，使商店拥有全玻璃橱窗成为可能。

中世纪的商店橱窗

在中世纪时期，商店的窗没有玻璃，而是由护窗板来关闭，就像图中这个中世纪晚期的法国案例一样。护窗板可以打开，以形成一个上方为遮阳篷、下方为柜台的造型。到了晚上，护窗板关闭并上锁，可以有效地起到防盗作用。

弓形的商店橱窗

图中这座位于英国伦敦的商店橱窗是一个罕见的幸存案例，其弧形或弓形的外形曾风靡18世纪，它的设计建造得益于玻璃制造技术的改进。橱窗上弧形的玻璃片由窗格条或玻璃格条固定，下面是个坚实的木质结构，称为摊位竖板。

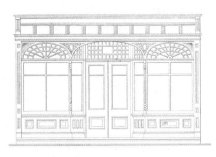

安妮女王风格的店面

图中是典型的19世纪后期的店面，中央有一扇门。两侧底部是坚实的摊位竖板，中部是大平板玻璃橱窗，顶部是安妮女王风格的装饰性结构，这个结构足够高，所以不会影响商品被展示的区域。

被划分开的展示橱窗

尽管玻璃自身依然由木质框架支承着，并且在展示橱窗的各个隔间之间还有结构柱的存在，但英国格拉斯哥的埃及馆（1873年）那巨大的落地窗还是在立面结构中使用了铸铁。

不被划分开的展示橱窗

位于英国伦敦的彼得·琼斯百货商店（1932—1936年）的橱窗是全玻璃的，中间没有任何的结构划分。这是通过在橱窗上方使用一段巨大的钢梁来实现的。它是该类型橱窗最早的案例之一。

窗·现代式

20 世纪的现代主义建筑以缺少装饰为特点。现代窗户通常只是简单的带玻璃的开口，在框架周围不带任何细节，其尺寸根据需求可以多种多样，从而在没有多余装饰的情况下创造出一个令人满意的外观。大片平板玻璃的实用性，以及包括大跨度钢梁和幕墙结构在内的技术的不断发展，使得建造巨大的、不被划分的窗以及全玻璃外墙成为可能。尽管如此，在住宅等小型建筑中，传统风格，例如在大型建筑中已被新潮流样式取代的推拉窗，依然流行了很长时间。

空隙的样式

尽管这些 1935 年的位于英国伦敦海波因特的窗没有装饰，但是它们形成了一种空隙的样式，以打破墙体表面的强硬感，这是典型的现代主义建筑的布局方式。建筑中附随的阳台是这种效果的一个重要组成部分，因为它们是大的观景窗和较小的平开窗之间的尺寸变奏。

带形窗

像图中这种长度比高度明显大很多的窗被称为带形窗。它们因 20 世纪的新施工技术而得以建成，比如对大型钢梁的使用，使带形窗无须中间的垂直支承也能够承受重载。

城郊的凸肚窗

凸肚窗是一种从位于地面上方的墙体上突出来的小型凸窗，如图中所示。凸肚窗在哥特时期很常见，在 19 世纪晚期和 20 世纪得以复兴。在图中这所 19 世纪 30 年代的房子中，凸肚窗是与推拉窗结合使用的。

密封窗

现代技术在 20 世纪晚期的窗设计中发挥了重要作用，比如位于美国纽约的西格拉姆大厦就是如此。许多现代建筑的玻璃窗墙体都不能打开，这使得人们只能依赖于空调。虽然建筑有了令人惊艳的视觉冲击力，但它需要消耗比手动开窗多很多的能源，这在生态上是有问题的。

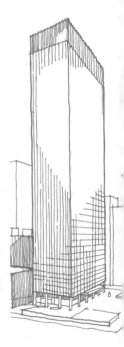

幕墙玻璃

看似由玻璃建成的建筑是 20 世纪最具特色的特征之一。这张德国德绍的包豪斯设计学院的示例图，展示了这种建筑是如何通过结合内部结构与形成窗的外部幕墙而建造出来的。

一般而言，楼梯只是辅助我们从建筑的一个楼层到达另一个楼层的工具，但实际上，楼梯在整个建筑的设计中还有更重要的作用。它们可以增加建筑内部和外部的趣味性和庄严感；它们可以邀请我们进入，或是让我们难以进入其他楼层。楼梯的设计随着时间的流转而变化，因此它们也成为推断建筑年代的工具。同时，对一座楼梯的位置和性质的研究，有助于我们了解一座建筑是如何被规划使用的。

墩座

一座带墩阶的墩座为古希腊神庙带来额外的庄严感，比如图中这座公元前 6 世纪或 5 世纪的意大利帕埃斯图姆神庙，它的墩座为柱子的矗立提供了稳固的平台。柱子矗立在最上面的台阶，被称为柱座。

螺旋楼梯

螺旋楼梯或称中心柱楼梯，围绕
着一根位于中央的中心柱或支柱，
是中世纪时期最常见的楼梯类型，
可以由木材或像图中一样的石材
建造。它们在城堡的建造中特别
受欢迎，因为它们局促的空间和
有限的视角使其易守难攻。

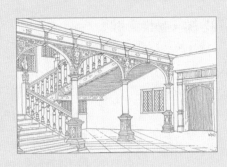

井字楼梯

在文艺复兴时期，螺旋楼梯变得不再常见，取
而代之的是井字楼梯，比如图中这座 1605 年建
于伦敦肯特的诺尔庄园的楼梯。它围绕着一个
开放式井孔，以短而直的梯段向上延伸。在转
角处的端柱通常被重点装饰。

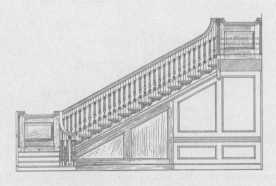

入口台阶

如图所示，一段宽阔的台阶为意大利威尼斯的
救主堂的入口增添了一种戏剧性效果。该教堂
始建于1577年，是由安德烈亚·帕拉第奥设计
的。壁柱营造出楼梯向内逐渐变窄的感觉，以
吸引信徒进入教堂内部。

直跑楼梯

在新古典主义和维多利亚时期，长长的直段楼
梯非常时尚，同样时尚的还有它那优雅延伸的
曲线，尤其是扶手的曲线。图中这座 18 世纪的
楼梯有一个长长的直梯段，并且扶手栏杆围绕
着底部的端柱营造出优美的曲线。

STAIRWAYS

楼梯与梯子不同，它既有深度又有高度，这非常重要，因为深度使楼梯比梯子攀爬起来更加容易。这不仅仅是因为楼梯能让脚可以完全放在每一层台阶上，还因为向前和向上的移动比垂直向上的移动更加容易。一座楼梯的所有部件都是为了使攀爬变得更加轻松。其最基本的组成部分是水平方向的踏板与垂直方向的踏步立板，它们由楼梯斜梁固定，栏杆支承着扶手，防止行人从楼梯上摔落下去。

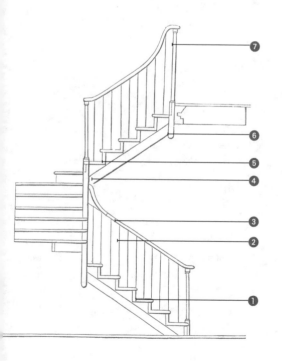

楼梯的部件

这幅图展示了楼梯的主要部件，包括踏板①、栏杆②、扶手③、楼梯斜梁④、踏步立板⑤、垂滴装饰⑥、和端柱⑦。上层楼梯的端柱在底面被一个垂滴装饰进一步装饰。

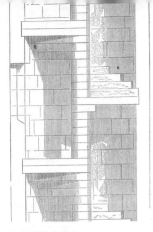

螺旋楼梯的结构

这张螺旋楼梯的剖面图展示了楼梯踏板是如何排布的。每一层台阶都是从一整块石头上切割下来的，石头的两端堆叠起来形成中央的中柱。中柱的自重支承着楼梯的一端，而另一端嵌入墙体之中。

错步踏板

踏面的数量决定着一座楼梯的高度。当空间非常局促且必须使用陡峭的楼梯时，就可以将踏面做成错步的形式，如图中所示。这种做法在相同的高度中创造了两倍数量的踏板，但是行走比较艰难。

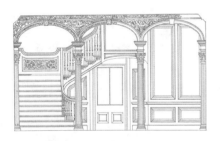

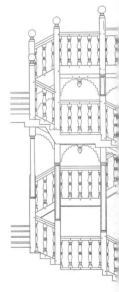

井字楼梯

一座井字楼梯围绕一个中心孔洞或中心井向上延伸，如图中所示。楼梯以短短的梯段向上延伸，并且在每个转向平台处都作直角转弯。楼梯的中柱扮演着主要支承物的角色，同时楼梯也被牢牢地固定在墙上。

明步楼梯

在这种楼梯中，我们可以看到踏板的末端和踏步立板的侧面，因此这种非常常见的楼梯类型被命名为明步楼梯。与之相反，暗步楼梯有斜板，用于遮盖踏板和踏步立板的末端。

楼梯是中世纪城堡和教堂设计的一个重要组成部分。在教堂中，祭坛通常被设置在一个有台阶的平台上，为礼拜仪式增添戏剧性效果，并使站在教堂后面的人能更容易地看到祭坛。螺旋楼梯围绕着一座中心柱旋转，是城堡和豪宅最常见的楼梯类型，作为楼层之间的通道。在城堡中，楼梯通常以这种方式进行设计，以便让入侵者很难进入上面的楼层。较小的房屋可能也有这样的楼梯，但保存下来的极少。

有台阶的祭坛平台

中世纪教堂的祭坛通常被设置在平台上，通过一段短而宽的台阶到达，如图中所示的意大利拉韦纳的教堂祭坛。台阶使祭坛与教堂的其他部分区别开来，作为一个特殊的区域。即使没有庆典活动，台阶也能将人们的注意力引向祭坛。

室外楼梯

图中所示为罗马式建筑——位于英国诺福克的赖辛堡的室外楼梯，它向上通向城堡的入口。任何攀爬这座楼梯的人都会暴露在自上而下俯视的守卫者眼中。在和平时期，这些楼梯为城堡的入口增添了戏剧性和庄严感。

带楼梯的塔楼

螺旋楼梯通常设置在曲线形的隔室或塔楼之中。这种塔楼有独特的窗户式样，随向上的楼梯形状而变化，如图中这座位于英国的索尔兹伯里大教堂的窗，阶梯状的窗户清楚地显示出楼梯的形状。

宫殿楼梯

不是所有的螺旋楼梯都是出于防御的目的。图中这座巨大的、中世纪晚期的法国宫殿中的楼梯有华丽的顶棚和大型的彩色玻璃窗，它的宽度足以满足几个人同时攀登。左边的门通向一个较小的服务楼梯。

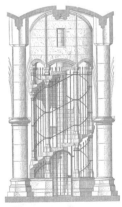

独立式螺旋楼梯

螺旋楼梯的踏板外端需要某种形式的支承，但这种需求不一定由坚实的墙体来满足，比如图中所示这座壮观的法国哥特式建筑。这里的楼梯被曲线形的柱廊包围，柱廊由位于曲线形的楼梯斜梁之上的小型柱身组成，用于固定踏板。

在文艺复兴时期，楼梯变得更加宏伟和复杂。长期风靡的螺旋楼梯终于让位给了新设计的类型，包括精致的双螺旋楼梯、围绕一个中心楼梯井旋转的井字楼梯以及曲线形楼梯。井字口位于楼梯中心，需要有扶手和栏杆的支承。栏杆通常是旋转的，而带有复杂的镜像图案的栏杆特别流行，但是许多其他的设计也常被使用，包括那些基于当时装饰形式的设计，例如带状饰。在这一时期，楼梯中柱也会被重点装饰。

双螺旋楼梯

法国文艺复兴时期的香波尔城堡（始建于 1519 年）的主楼梯采用了双螺旋的结构形式，即由两座独立的螺旋楼梯组成——这反映了文艺复兴时期以复杂的设计为风尚。当你通过这种楼梯的一座梯段向上走时，有可能遇不到正在通过另一座梯段往下走的人。

成对的外部楼梯

位于罗马附近的意大利文艺复兴时期的卡普拉罗拉别墅有两座宏伟的外部楼梯：一座是曲线形的，另一座是直线形的。它们为宫殿的入口增添了戏剧性，并增强了它所处的陡峭斜坡的视觉趣味性。

装饰的井字楼梯

和其他建筑元素一样，楼梯的装饰也跟随着时代的潮流。图中这座 17 世纪位于英国伦敦海格特的克伦威尔住宅的井字楼梯，具有装饰着奖杯的带状饰镶板。端柱上有穿着当时服饰的站立着的人物雕像，端柱的下边有凸出的垂滴装饰。

旋转加工的栏杆柱

文艺复兴时期的栏杆柱非常粗，并且其上下段通常互为镜像。图中这些 16 世纪晚期的栏杆柱是在车床上旋转加工出来的，它的扶手宽大平坦，端柱有突出的尖顶饰。

条板状栏杆柱

所谓的条板状栏杆柱，就是用平坦的木板条雕刻出来而不是旋转加工出来的栏杆柱，是文艺复兴时期栏杆柱的另一种典型类型。图中所示这些英国的栏杆柱是两侧对称的而不是上下对称的，并且在中央位置有一个镂空的锥形。

楼梯·巴洛克与洛可可式

与巴洛克式设计的其他方面一样,巴洛克式楼梯在很大程度上借鉴了古典设计的样式,但同时又增加了足够的多样性,创造出精致而不繁琐的效果。锥形的花瓶状栏杆在巴洛克建筑中特别流行,但到了18世纪,更加精致的设计出现了,比如螺旋形栏杆和形似微型柱的栏杆。新材料(尤其是当时被广泛应用的铸铁)用于创造使用木材无法实现的精美设计。此外,斜梁呈开放式的楼梯,即踏板和踏步立板的终端暴露在外的楼梯类型也日渐风靡。

花瓶状栏杆

图为17世纪位于英国伦敦的阿什伯纳姆住宅,其优雅的花瓶状栏杆由伊尼戈·琼斯设计,这一设计将更加简单的、受古典风格启发的栏杆形式引入英国。整个楼梯栏杆,包括简单的方形转角柱以及平坦的扶手,起源于意大利文艺复兴风格和巴洛克风格。

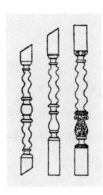

扭曲式栏杆

扭曲式或螺旋式栏杆在 18 世纪早期非常流行，并且成为这一时期楼梯的一个别具一格的特征。它们在车床上被旋切出来，通常采用开放式螺旋的形式，但也有更紧密的螺旋形式。

混合式栏杆

在 18 世纪中期，带有混合式栏杆的楼梯十分流行，包括扭曲和螺旋形状，以及由柱头和柱础共同构成的微型柱形状。当时没有标准模式或固定搭配的栏杆，但是许多如图中这样的楼梯都在每一级踏板上重复使用同样的、由这三种栏杆形成的组合。

铁制镶板

17 世纪晚期和 18 世纪，金属加工技术的发展促进了铸铁栏杆的流行。或轻盈或厚重的铸铁栏杆可以制成各种精致的图案。最初，铸铁栏杆非常昂贵，只能用在诸如英国的汉普顿宫廷这样举世瞩目的项目上，如图所示。但随后几年，铸铁栏杆开始被广泛应用。

洛可可式栏杆

洛可可建筑不对称的 C 形曲线特征与其他装饰元素结合在一起，共同应用于楼梯设计中。这些铸铁栏杆使用 C 形曲线连接起踏板之间的高度落差，在楼梯上形成更加连续的线条。值得注意的是，这一时期的踏板有了开放式的楼梯斜梁。

在帕拉第奥风格和新古典主义风格的建筑中，楼梯的设计大量借鉴了古代的样式。神庙那由带台阶的墩座共同构成的正立面，是这一时期建筑的一个关键元素，而且既可以用作建筑正立面的主要元素，又可以作为一个更大设计的一部分。由于成排的排屋变得更加普遍，楼梯新的使用功能出现了，例如将入口与上升的前门和下沉的服务区域结合起来的分裂式楼梯。在内部，楼梯被简化了，直线式楼梯，有时结合一段柔和曲线的楼梯，变得越来越普遍。和楼梯一样，栏杆也在古代的样式上发展出新的形式。

带阶梯的墩座

图为托马斯·杰斐逊为自己在美国弗吉尼亚州蒙蒂塞洛的房子所做的设计，有一座突出的、建立在带台阶的墩座之上的门廊，它在很大程度上借鉴了古希腊的样式。杰斐逊特意选择了他自认为比古罗马风格更具有民主气息的古希腊风格，这种风格被认为具有皇家或贵族的气质。

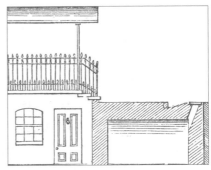

外部楼梯

始建于 1725 年，英国伦敦伯灵顿勋爵的奇斯威克住宅受到帕拉第奥风格的强烈影响。如图所示，建筑入口前精致的多梯段式外部楼梯，是基于文艺复兴时期罗马别墅的楼梯而设计出来的，同时也结合了古罗马样式的神庙门廊。

地下室前空地

通过一段短短的台阶向下进入到一个地下楼层空间（被称为地下室前空地），这在新古典主义时期的城镇住宅中很常见，并且像这张图中所展示的那样，它通常通向建筑底部的门。这种空间的出现源于为佣人和送货员提供入口的需求，他们可以不用穿过前门就能进入。

环形楼梯

与中柱旋转楼梯不同，环形楼梯环绕着一个开放的井孔。在 18 世纪和 19 世纪初期，环形楼梯非常时髦，就像图中这座 18 世纪中期的大型伦敦联排别墅的环形楼梯一样。

亚当风格的栏杆

图中所示的这些铸铁栏杆由杰出的新古典主义建筑师罗伯特·亚当设计，它们采用了锥形的壁柱形式，顶部是古罗马风格的灯笼。铁的强度使得它可以做得很薄，这样能使图案变得极为精致，这是亚当作品的一个特点。

19 世纪古典复兴风格建筑的楼梯通常基于建筑师希望唤起的那个时期的样式。因此，一座哥特复兴式建筑中会有窗花工艺栏杆，而一座文艺复兴式建筑上会有文艺复兴风格的宏伟楼梯。然而，这些引起回忆的图案往往只是被生搬硬套地应用到一个与古典样式真正的形式关联很少的设计上。这种现象在房屋中特别明显，在那里，楼梯是按照一个标准的样式来建造的，它们带有不同细节的栏杆和端柱，起到了唤起不同时代与风格的作用。

哥特复兴式楼梯

图中这座 19 世纪早期的哥特复兴式风格楼梯，使用了两组轻质窗花镶板代替栏杆和覆盖在踏板和踏步立板末端的封闭式楼梯斜梁。然而，对直线梯段楼梯和粗短的端柱的使用，清楚地表明了它不是中世纪的楼梯，而是一座 19 世纪的楼梯。

超大的石梯

图中这座楼梯来自 19 世纪的法国巴黎司法宫，是一座文艺复兴风格的楼梯，这与该建筑的其余部分保持一致。它由石块砌筑而成，尺寸巨大而魁伟，与其位于一座重要的公共建筑的中心这一突出地位相协调。

服务楼梯

直到近代，许多英国家庭，甚至中产阶级的家庭，还有佣人。只要条件允许，他们的屋内都会设有额外的供佣人使用的楼梯，这样他们就不必使用家庭楼梯。图中这所19世纪70年代的房子中就有两部楼梯，其中较小的服务楼梯直接通向厨房。

批量生产的栏杆

19 世纪，全机械化车床的发展使所有种类的旋切栏杆的批量生产成为可能。图中这些栏杆，来自一本19 世纪晚期的建筑商的产品目录，仅仅展示了当时建筑商容易制造且价格低廉的几种设计。

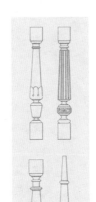

新古典主义楼梯端柱

19 世纪的设计师并不去精确复制旧风格，而是将来自旧风格的元素和创新性设计相结合，并非常精确地抓住旧风格的精髓。图中这座精湛的 18 世纪70 年代的楼梯端柱，带有狮头、玫瑰花饰和莨苕叶饰，它源自新古典主义时期的样式，但并没有盲目地模仿。

楼梯·现代风格

20 世纪，高层建筑如雨后春笋般拔地而起，这使得对楼梯和有关上下通达的技术有了新的要求。这些要求不仅包括工厂和办公室需要采用防火楼梯，还包括高层建筑需要垂直运输的新手段来解决人们想要攀爬的梯段数量有限的问题。其中最引人瞩目的就是 19 世纪晚期发展起来的电梯，而且自动扶梯或移动楼梯也同时发展起来。然而，更加传统的楼梯没有被遗忘，建筑师们继续用最新的装饰细节来设计楼梯。

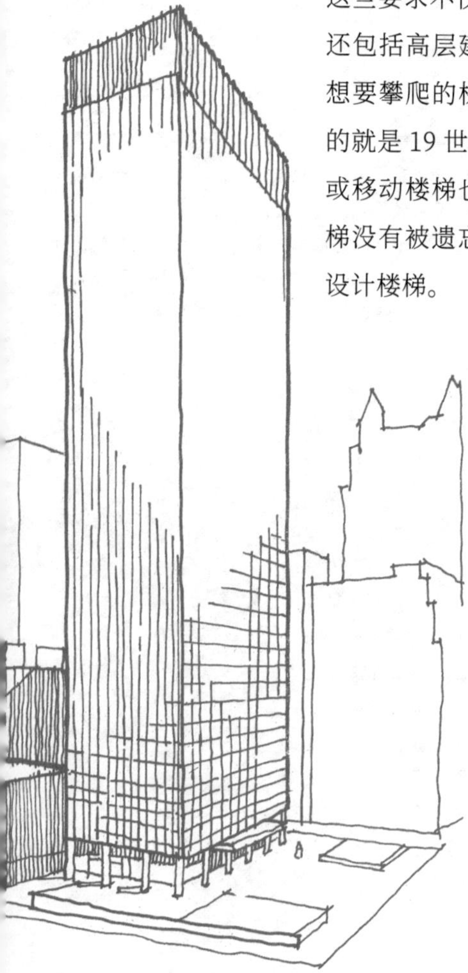

电梯

高层建筑在楼层之间依靠机械化运输手段来使楼层通达，因为大多数人不愿意一次性攀爬超过一定数目的梯段。电梯的引入是摩天大楼得以飞速发展的关键，比如图中所示的位于美国纽约的西格拉姆大厦。

铸铁制螺旋楼梯

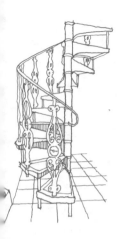

19世纪，应用广泛且成本低廉的铸铁使得像图中所示的这种独立式铸铁螺旋楼梯流行起来。它们紧凑而且适应不同的顶棚高度，被广泛应用于工厂、办公室和其他商业建筑中，而且通常用油漆涂装。

新艺术风格的楼梯

图中这座楼梯，由新艺术风格的建筑师赫克托·吉马德设计，利用铸铁流动的潜力铸造成型，创造出一种非常优美和高雅的设计，这些形状用木材或其他材料几乎制作不出来。尽管如此，楼梯那简单的弯曲形状始终未变，一直保持着标准的19世纪样式。

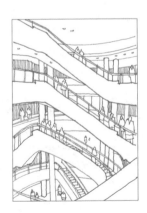

自动扶梯

大多数的自动扶梯都是呈直线前行的，但也有呈曲线前行的案例，比如图中这座位于美国加利福尼亚州的一家购物中心的自动扶梯。百货公司和购物中心的自动扶梯通常位于商店的中央，便于顾客穿行于楼层间浏览各种商品。

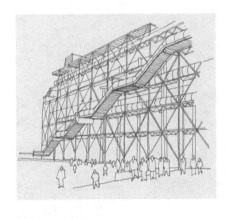

外部的自动扶梯

20世纪晚期，建筑师们寻找新的方法来探索楼梯的视觉潜力和其他垂直运输的方式。在由理查德·罗杰斯和伦佐·皮亚诺设计的巴黎蓬皮杜中心（1972—1977年），自动扶梯安装在建筑外凸出的管道上。

古罗马人有一套复杂的地下采暖系统，称为火炕供暖装置，中世纪的城堡和宫殿中都装有壁炉，但直到16世纪，壁炉才开始在小规模的房屋中普及。在那之前，大多数房屋都有一个中央放置着明火的大厅，明火既能用于供暖又能用于烹饪。壁炉是以这样一种方式建造的：壁炉产生的烟尘通过烟道向上进入烟囱，同时在壁炉上方通常会有一个壁炉架或搁架，用来促进热循环。壁炉和烟囱的设计都会紧随流行时尚，因此是推断建筑年代的良好工具。

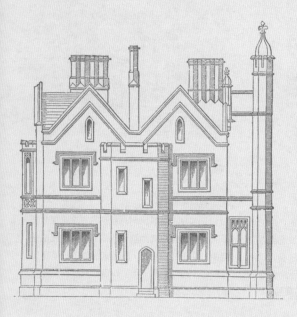

你知道这座房子有多少壁炉吗？

你可以通过房屋外面的烟囱数量来推断出房屋内部壁炉的数量。每座壁炉都有自己的烟道，以使烟尘可以从烟囱的通风口里排出，这些构造在烟囱的顶部是非常明显的。数一数烟道的数量就相当于数一数壁炉的数量。比如图中这所房屋有9个烟道，也就是有9座壁炉。

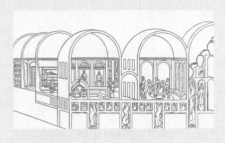

火炕供暖装置

就像图中所描绘的一样，古罗马人发明了精密的地下采暖系统，或称为火炕供暖装置。该装置最常用在浴室中，但也会用于宫殿和别墅。来自火炉的热量被引导穿过地下的空间，供上部房间取暖，并加热浴室内用水。

精心装饰的烟囱

图为位于法国的香波城堡，它的烟囱通过繁复的装饰工艺精心装饰，包括圆形装饰、波浪形装饰和菱形装饰，是文艺复兴时期的典型特征。壁炉非常昂贵，加上精心装饰的烟囱是彰显主人财富的一种方式。

华丽的壁炉

在小型的房子里，壁炉通常是一个房间中最主要的装饰元素，但在更大的房屋中，壁炉通常只是整体设计中的一个元素。图为位于伦敦附近的新古典主义风格的西昂住宅，在它的长廊中，精致的壁炉成为壮观的装饰方案中的一部分。

烹饪灶台

直到近期，小型的房子仍然只有一个壁炉，既用于烹饪又用于起居空间的供暖。图中这座 19 世纪的法国房屋向我们展示了壁炉是如何工作的：用铁钩子将锅挂在炉火上，装饰品和平底锅放在壁炉架上，房间兼顾饮食和起居功用。

烟囱和壁炉·中世纪风格

中世纪，主要的起居空间或大厅都是由一座位于中央的开放式壁炉来供暖，它产生的烟尘通过高高的屋顶排到屋外，而大型房屋则倾向于拥有独立的厨房来降低发生火灾的风险。封闭式壁炉仅限于用在极大型的、宏伟的建筑中，例如城堡、宫殿以及修道院，而且即使在这种建筑中，也只能有一个或两个壁炉。这些壁炉通常被制作成一种突出的烟罩的形状，支承在柱子或梁托上，而烟囱结构本身则从墙体的外表面凸出来。

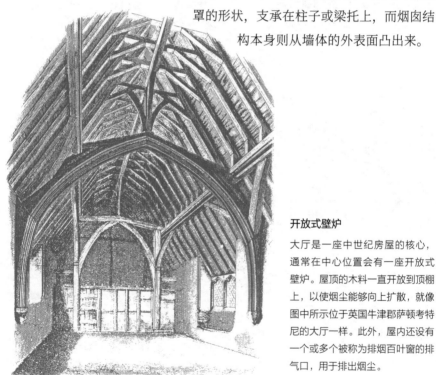

开放式壁炉

大厅是一座中世纪房屋的核心，通常在中心位置会有一座开放式壁炉。屋顶的木料一直开放到顶棚上，以使烟尘能够向上扩散，就像图中所示位于英国牛津郡萨顿考特尼的大厅一样。此外，屋内还设有一个或多个被称为排烟百叶窗的排气口，用于排出烟尘。

修道院的厨房

中世纪的城堡、宫殿和修道院，通常都有分离式厨房，以使烹饪的油烟远离起居空间，并且减少发生火灾的风险。它们经常有一个以上的壁炉，可以同时做很多道菜。图中所示的这个巨大的壁炉，来自法国诺曼底布兰奇·德·莫尔坦修道院的厨房。

木质烟罩

图中这所中世纪法国的房屋，使用木质烟罩来替代烟囱，以引导烟尘上升并最终排出房屋之外。尽管木质烟囱可能看上去很奇怪，但是这里的木材并没有与火焰直接接触，因而可以安全使用。

带华盖的壁炉

图中这座位于比利时布鲁日的雅克·科尔住宅的壁炉上方有一个巨大的凸出华盖，由独立柱支承在前方，是一座典型的中世纪晚期的壁炉。炉火本身在下方的炉膛之内燃烧，而华盖作为罩子引导烟尘上升，并通过后面的烟囱排出。

外置烟囱

中世纪的烟囱通常紧靠在墙体的外表面建造，而不是结合到墙体中去，如图中所示。从某种程度上来说，这是在最初没有规划烟囱的建筑上添加烟囱的做法，但也可能是出于对结构稳定性的考虑。

烟囱和壁炉 · 文艺复兴风格与巴洛克风格

15世纪和16世纪，制砖技术的进步使烟囱得到更广泛的应用，但壁炉仍然非常昂贵。屋主通常通过对烟囱进行精致的装饰来吸引他人的注意力，以高调显示其住宅带有奢华的壁炉这一事实。装饰风格紧随流行时尚，在文艺复兴时期，衍生于古典风格的装饰图案特别受欢迎。在后来的巴洛克和洛可可时期，壁炉常使用时髦的C形曲线、贝壳、卷涡和垂花饰进行装饰。精致的壁炉饰架或壁炉架使壁炉上方的雕塑得以展示，这种模式在这一时期也十分流行。

多个烟囱

图为16世纪早期位于英国沃里克郡的康普顿·怀恩耶茨公馆，其多座砖质烟囱显示出建筑内部拥有多个壁炉。它们有各种不同的设计形式，包括螺旋形和菱形。烟囱的非对称布置一部分源于房间的布局，另一部分是因为该建筑随着时间的推移而逐渐发展变化。

装饰烟囱

内置式壁炉即使在 15 世纪和 16 世纪也仍然被视为一种极大的奢侈品，并且带壁炉的房屋都建有精致的烟囱，以让每个人都知道屋中有壁炉。烟囱往往被重点装饰，而且各具特色。图中这些 16 世纪的英国烟囱来自肯特的汤布里奇，由特殊的雕刻和有造型的砖块砌成。

法国文艺复兴风格的烟囱

图中这一对精致的烟囱都装饰着古老的图案，形状像古罗马的石棺（复杂装饰的石质棺材），并且用壁柱、三角楣饰、面具与线脚，包括卵箭饰进行装饰。它们向我们展示了在文艺复兴时期古典设计元素如何融入新的设计中，人们用它们来展示财富和权力。

华丽的壁炉架

在宏伟的巴洛克风格房间中，壁炉上方附有一座装饰过的壁炉架。其实真正的壁炉只是一个更大的雕塑作品的一部分，如图中这个来自法国维勒鲁瓦庄园的案例，有一个位于椭圆形、饰以花环的装饰框中的半身像，被安置在一个更大的框架中，顶部为一座曲线形的中断式三角楣饰。

带镜子的壁炉饰架

图中这个来自法国巴黎附近的凡尔赛宫的壁炉有一个带有优雅的旋涡状 C 形曲线和贝壳装饰的壁炉饰架。在壁炉上方的区域有一面镜子，它看起来像一扇窗，但在这个位置上不可能有窗，因为后面是烟囱。

烟囱和壁炉 · 新古典风格

可见的烟囱并不非常适合纯粹的受古典风格影响的建筑，因此到了新古典主义时期，烟囱常常被隐藏起来，有时将大部分的长度置于屋顶中，有时将它们隐藏在女儿墙后面。然而，这并不总是很容易，因为壁炉和烟囱设计的改进使得壁炉变得更高更浅，而烟囱为了增强吸力也会变得更长。壁炉两侧有壁柱，另外还有笔直的壁炉架，像一个位于上方的凸出的檐口。它的侧面或平坦或带凹槽，而且在19世纪初，转角处的牛眼图案也开始流行起来。

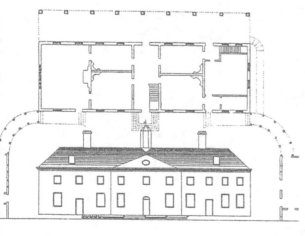

多个壁炉

位于美国弗吉尼亚州弗农山的乔治·华盛顿的住宅（1757—1787年），有两个烟囱分别靠近房屋的两端。这里的平面图显示了这些烟囱是如何为屋内多个壁炉提供服务的，即每个壁炉在主烟囱中都有一条单独的烟道，这些独立的烟道几乎全部隐藏在四坡屋顶之中。如此布局使烟囱可以同时为两组房间服务。

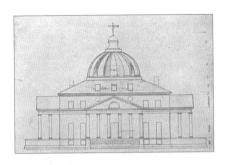

局部隐藏的烟囱

图为托马斯·杰弗逊为华盛顿特区总统府所做的未实行的设计竞赛方案（1792 年），在很大程度上引用了帕拉第奥式：中央带有一座穹顶，四边配有门廊。用于供暖的、必需的烟囱，尽管已经很大程度上隐藏在四坡屋顶之内了，但从外面依然能够看见。

亚当风格的壁炉

图中这座壁炉采用了英国建筑师罗伯特·亚当的设计风格，使用了一系列新古典主义的装饰元素，包括古希腊回纹或回纹波形饰。这座壁炉有一个凸出的壁炉架，以一座檐口为基础，两侧的壁柱上饰有头戴花环的女性头部造型。

端头烟囱

图中这所房子，烟囱设计在侧墙或山墙之上，连接着每一楼层相同位置的壁炉。这种布局的烟囱，称为端头烟囱，在 18 世纪和 19 世纪很常见，也适用于连栋房屋或排屋。

牛眼图案的壁炉

这张图展示了 19 世纪早期最常见的壁炉类型之一。它在每个转角处都有一个圆盘形或牛眼的图案。图中这座壁炉的环绕带两侧是平的，但它们也可以被做成带凹槽的形式。这样的设计可以用大理石或涂装过的木材制成。

烟囱和壁炉 • 19 世纪风格

19 世纪的壁炉设计有两个关键特征：首先是对源自一系列古典样式的细节设计的使用，比如哥特复兴式，以及融合了许多不同时期元素的设计，包括巴洛克和新古典主义；其次主要体现在对壁炉内部设计的改良上，这种改良的目的是为了提高壁炉的工作效率，例如引入了一种专用于燃煤的小型炉箅。此外，用于制作壁炉的材料选择范围也扩大了，比如引入了通常经过涂装工艺处理的铸铁，还有装饰性的瓷砖也很流行。

路易十四风格的壁炉

盛行于几个不同时期的装饰风格在 19 世纪的壁炉设计中比较流行。图中这座壁炉的设计基于 17 世纪中期的路易十四风格，将装饰图案雕刻在石头上或者铸造在金属上，它是极度奢华的室内装饰的组成部分。

拱形嵌入物

随着人们不断寻找让煤炭燃烧更加充分的方法，19 世纪，壁炉内部配件的设计得到了发展。人们发现，又小又浅的开口最有利于燃料充分燃烧，因此，像图中这个拱形的铸铁型嵌入物得以开发使用，一般应用在大型的壁炉内。

铸铁壁炉

图中这座壁炉是典型的 19 世纪晚期的作品，由铸铁制成。它融合了不同时期的装饰细节，不仅包括卵箭饰和带凹槽的陇间壁这样的古典主义风格元素，还包括精美纤细的花卉形细节装饰。在壁炉两侧有瓷砖镶嵌，小炉算是为燃煤设计的。

烟囱顶管

烟囱顶管，如图中所示的这些 19 世纪早期的案例，是一种延长烟囱长度并增强向上吸力的装置。图中这一组烟囱顶管是多边形的，坐落在小型底座上，整体置于真正的烟囱顶部之上。烟囱顶管也可以是圆形的，它们通常用赤陶土制作。

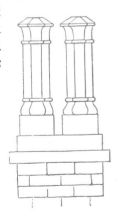

都铎复兴式壁炉

图中这座 19 世纪的壁炉是对一座 16 世纪英式案例的复制，可能应用于哥特复兴式或都铎复兴式室内装饰中。一个矩形框架内设有一座极其简朴的四心拱。位于拱和框架之间的拱肩饰以细长的三角形装饰。

烟囱和壁炉·20 世纪风格

到了 20 世纪，随着使用石油、天然气和电能供暖的新方法的发展，壁炉不再不可或缺。尽管使用天然气和电能的"炉子"被建造成貌似壁炉的样子，并且紧跟设计潮流，但中央供暖系统的普遍使用意味着现代建筑可以完全脱离壁炉供暖了。另外，出于环境保护因素，真正的炉火，尤其是燃煤的炉火也极少使用了。尽管如此，人们仍然乐于拥有一座真正的壁炉，而且房屋也往往依旧建有壁炉。现在壁炉只建在一个或两个主要的房间之中，其余的房间会采用其他方式取暖。

新型供暖设备

有时，并不存在的东西能够和存在的东西一样，告诉你一座建筑的相关情况。图中这所房子，设计建造于 20 世纪 30 年代，只有一个烟囱。这并不是因为其他房间没有供暖设备，而是因为天然气、电能、燃油这样的新型供暖设备不需要烟囱。

显露在外的烟囱

图中这座美国住宅最初可能是一座乡间别墅，它有一个显露在外的由砖石砌成的烟囱。这个烟囱被特意设计成质地粗糙的样式，以此唤起人们缅怀先驱的情愫。即便在大型住宅中已经过时很久，但这种复兴风格在小型房屋设计中仍然很受欢迎。

煤炉

18世纪时，封闭的炉子和加热器开始流行，并且在19世纪取得了技术上的巨大进步。图中这座20世纪早期的非常华丽的煤炉带有洛可可风格的装饰细节，比起壁炉来优点颇多，尤其是它只有一条烟道，而且不需要烟囱。

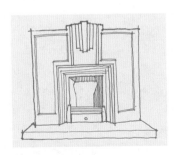

装饰艺术风格的壁炉

图中这座装饰艺术风格的壁炉很可能被当作一种环绕饰，用在第一次世界大战之后流行的、使用天然气或电能的"炉子"上。这种壁炉上通常铺设素雅的单色瓷砖，尽管带图案的样式也很受欢迎。

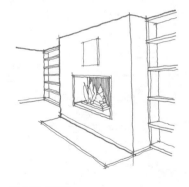

墙中洞式壁炉

从古至今，人类对于能够坐在真正的火堆面前的渴望从未消失，设计师和建筑师用新的壁炉设计方式对这种渴望做出了回应。例如图中这座非常朴素的"墙中洞"式壁炉，与近年来流行的现代简约式室内装饰风格相得益彰。

　　装饰是建筑中一个十分重要的组成部分，它可以使建筑的表面变得更加生动，或者使某一个建筑结构的特定部分显得更加突出，总之，它能让一座建筑更加具有吸引力。历史上不同时期的设计师们已经开发出了非常多样的装饰图案，有人物形的、动物形的、树叶花朵形的和各种几何图形的。此外，像三角楣饰和山墙这些建筑元素也被用于装饰，甚至仅仅是简单的纹理变化也可以具有很高的装饰性。这一部分内容聚焦于主要的装饰类别，它可以帮助你了解在过去的几个世纪中人们是如何装饰建筑的。

光与影

雕刻深度上的细微变化可以极大地增加装饰图案的视觉复杂性。如图所示，在这些石块上，粗糙感——由石块之间成角度的沟槽形成的阴影——创造出一种比平面雕刻复杂得多的效果。

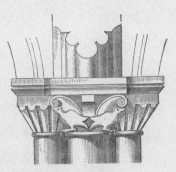

重复的图案

使用同一图案的重复形式是一种常见的装饰手法，这种手法在历史上各个时期都有应用。这张图片中，两只天鹅交颈依偎，形成德国施派尔一座罗马式柱头蜿蜒缠绕的中心装饰。这形象也唤起了人们对天鹅这种终身与伴侣厮守的长颈鸟儿的回忆。

相背组雕形式

在设计中创造趣味性和多样性的一个简单的办法就是镜像地使用同一个图形。如图所示，这些罗马式风格的鸟儿就是如此。这种用鸟和兽组成的装饰形式非常普遍。人们认为，它们面对面的组合表达着冒犯和不敬，而它们背对背地组合则表达着崇敬之情。

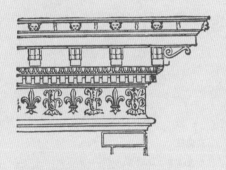

交替使用的图案

交替使用的图案可以让那些非常规整的设计看起来不那么乏味。如图所示，在罗马的法尔内塞宫的柱上楣构上，鸢尾花纹和哥特式叶纹轮流出现，打破了原有设计的同时依然保持着建筑装饰对称的节奏。

重复的形式

形式的倍增创造了不过度复杂的多样性。在这座位于西班牙塔拉戈纳的罗马风格修道院中，拱廊由成对的柱子支承着，落在成对的线脚上。在拱廊上面有一对圆形开口，重复着成对的图案。加上最外面的拱，它们共同形成了一个3-2-1的组合效果。

人物形象是最具吸引力的装饰元素之一，在建筑史上很多时期都很常见。人物形象可以使一座建筑的部分（例如一根柱子）拟人化，它们最常应用在宗教背景下的圆雕或浮雕中。局部的人物形象可以和其他元素相结合，如动物的某部分，以创造出奇异和怪诞的造型。这些造型常常通过它们的极度荒谬来娱乐观众。然而，不是所有的宗教文化都接受对人物形象的描绘，某些宗教认为它可能导致图像崇拜，将图像损毁的行为称为圣像破坏。

女像柱

女像柱是一种拟人化为女性形象的柱子，它优雅地站立着，轻松地将头上的建筑重量承托起来，在古希腊建筑和古希腊复兴式建筑中非常普遍。

赫姆形象

图中这个半人半兽的形象被称为"赫姆"（来自古希腊神话中的赫尔墨斯），是文艺复兴风格装饰中经常出现的形象，尤其是在北欧地区。后来的赫姆形象有些改变，成了一种常见的怪诞形象。

头形柱端

人头形象，不论是男性还是女性，都在罗马式建筑和哥特式建筑中用作建筑装饰。它们用于装饰梁托和支架，并且被当作标点符号一样放置在建筑的线脚上，比如在窗上方和拱门上方的线脚上，称为头形柱端。此外，动物的脸部形象也可以同样的方式用于建筑装饰中。

丘比特形象

长着翅膀的男孩形象，经常手握一只弓箭，被称为爱神丘比特。它们可以单独使用，也可以结合花环或其他装饰一起使用。

男像柱

一个全身肌肉紧绷的男性形象，脸和身体被束缚，支承着一座压在他身上的建筑的重量，这就是男像柱，来源于古希腊神话中力大无比的巨神阿特拉斯。它们的外观有些滑稽，如图中的这些男像柱，勉强支承着 19 世纪一栋德国公寓的门。

动物形象可以被应用到各种不同的装饰中。就像人物形象一样，建筑的某些部件也可以呈现为动物形象，而且动物可以与建筑互动。它们可以单独使用，也可以与其他元素（如树叶、花朵或人物形象）相结合。怪诞的或程式化的动物形象最为常见，尤其是在罗马式、哥特式和文艺复兴式建筑中，其他更加栩栩如生的动物形象也有所应用。自然风格的动物形象是古典主义和新古典主义建筑的典型特征，甚至像狮身人面像这样想象出来的生物都被描绘得活灵活现。

牛头骨装饰

牛头骨装饰普遍应用于古典主义建筑中，从文艺复兴开始又再次风靡，主要用来装饰檐壁，通常与花环装饰一起出现。

鸟喙头饰

设计师总是通过将动物或者人物特征应用于建筑的方式来呈现出娱乐性。图中，一个罗马式风格的建筑线脚由一个程式化的鸟的形象"咬住"，称为鸟喙头饰。大多数鸟喙头饰采用的是鸟的形象，但是其他动物和类人动物的形象也有使用。

奇形装饰

程式化的和奇异的人物或动物形象，称为奇形装饰。它是哥特式、罗马式和如图所示的文艺复兴式装饰设计特有的特征，同时也在其他时期有所应用。奇形装饰通常成倍使用，尤其是表达崇敬之情或表达冒犯和不敬时都是成对出现，它常与树叶形装饰组合使用。

爪形足形象

动物的足、掌或爪的形象被用于装饰柱础和家具腿，在18世纪时尤为盛行。这些动物爪形象从柱础中涌现，表达了建筑构造元素是充满生机的。

狮身人面像

狮身人面像是一种神秘的半人半狮的神兽形象，是一种在古希腊和古埃及神话中流行的形象。它通常守卫在建筑的入口处，但也可以被简单地当作一种装饰元素来使用。其他幻想出来的生物还有鸟身女妖（半女人半鸟）和人首马身怪（半男人半马）。

装饰·叶饰

树叶、茎和其他叶饰是普遍流行的装饰元素，它们的应用非常广泛。叶饰可以创造出极度自然和生动的形象，也可以创造出高度程式化的、简化到只剩叶片本质和精华的形象。它可以装饰柱头，而且有很多重要的柱头形式，比如科林斯柱式的柱头，就以叶饰设计为基础。叶饰的垂蔓和卷涡可以用来覆盖大面积的装饰表面，以创造出具有整体效果的图案。但是单独的树叶形象也可以应用在建筑的关键点上，起到强调的作用。

莨苕叶饰

大片、锯齿状的莨苕叶长期以来一直为建筑师们提供灵感。尤其是在它以一种相对自然的形态出现在科林斯柱式柱头的时候，就像图中这个古希腊雅典的宙斯神庙的柱头一样。而且，它也是后来更加程式化的哥特式叶饰柱头的起源。

卷叶饰

从柱头、山墙或顶棚等哥特式建筑元素的边缘凸出的、程式化的叶饰卷涡被称为卷叶饰，其常常雕刻成局部展开的叶子。这张图中，卷叶饰与花球装饰相结合，营造出更加丰富的效果。

自然主义叶饰

不论是程式化的叶饰还是自然主义（现实化的）叶饰，都是一种普遍使用的建筑装饰形式。自然主义叶饰是哥特风格的特征，因为那时的石匠经常有机会在坚硬的石头上创造出栩栩如生的花朵、树叶以及果实图案。图中这些来自兰斯的法国柱头使用天然的橡树叶和黑莓作为装饰。

叶饰垂蔓

用交织在一起的叶饰作为装饰是一种实用的方法，这种方法可以使用相对小的装饰来覆盖大面积的区域。在建筑历史上的大多数时期，这种装饰手法的各种变化模式均有出现，不论是在圆形的建筑表面还是平面的建筑表面都是如此。图中所示是一座文艺复兴早期的壁柱。

阿拉伯式花纹

程式化叶饰优雅的卷涡设计被称为阿拉伯式花纹，常常作为墙上整体装饰图案的一部分。它的名字来自阿拉伯，但是这种更加自然主义的设计在巴洛克和洛可可时期更加流行。与此相反，这种风格在阿拉伯地区不那么流行，伊斯兰建筑更热衷于使用几何设计。

装饰·花饰

各种各样的花卉形象在任何建筑历史时期都是一种流行的装饰元素，它们既可以独立地以非常生动的形象出现，也可以以更加程式化的甚至几乎抽象成几何形状的形式出现。花饰元素是古典建筑（尤其是古希腊建筑）、中世纪建筑、巴洛克建筑和19世纪建筑的典型特征，而且是所有风格的建筑都会使用的元素。就像在生活中那样，花卉常常与其他元素搭配出现，比如叶子和果实，以创造出花环和垂花饰的装饰形象。它们也适合重复的图案，不论是自然主义图案还是几何图案都很适合。

花状饰纹

花状饰纹是一种基于忍冬属植物样式的程式化花卉图案，它最初出现在古希腊建筑上，后来得到广泛使用，尤其是在新古典主义建筑中。其他类似的程式化花卉图案还有基于棕榈叶片样式的棕叶饰，它常常与花状饰纹结合使用，如图中所示。

玫瑰花饰

玫瑰花饰或程式化的玫瑰花卉图案，是整个建筑历史最常见的建筑装饰元素之一，主要是因为它由重叠的花瓣所构成的简洁设计很容易创造出来。玫瑰花饰可以单独使用，也可以是更大的设计图案的一部分。

花球装饰

英国14世纪哥特建筑最具特色的装饰之一就是花球装饰，就像一个带着三片小花瓣的花蕾一样的圆球。花球装饰通常成排使用，以装饰门口、拱、窗和尖塔的边缘，创造出一个整体化的图案。

花环装饰

花卉、果实和叶子常常在建筑装饰中混合使用。其中一种方式是将它们制成花环或垂花饰，也叫作花彩装饰，是一种可能由真实的绿色植物制成的装饰。花环装饰通常雕刻成高浮雕，以使它们看起来更加真实。

百合花饰

百合花饰是一种程式化的由一朵百合花和侧面的两个下垂部分组成的装饰形式。作为法国君主制的象征，被广泛用作装饰图案，如图所示，它被应用在地板砖上，被制作成重复的百合花饰图案。百合花饰也被视为纯洁的象征。

ORNAMENT

各种各样的几何形状——从直线到方形、圆形和十字形——以及所有组合的方式，都是装饰设计的主要元素。几何形状非常万能，因为它们可以按比例缩放也可以成倍使用以创造出更复杂的图案，并且可以无限延展以覆盖很大的面积和很长的距离。这种图案在所有的建筑设计时期都得到了应用，而且没有任何一个时期可以独占它们。但是某些形状与某特定时期尤其相关，比如罗马式时期特有的波浪饰，或古典时期的回纹装饰。

波浪饰

锯齿形或 V 形的波浪饰特别适合用在弯曲的形状上，例如拱、窗和门，因为带尖的形状可以进行变宽或变窄的设计，以适应不同的曲率。它通常与罗马式风格有关，如图中这个位于英国德维兹的案例。此外，它也在装饰艺术风格时期风靡一时。

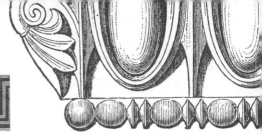

回纹装饰

回纹装饰图案是从交叉的直线中创造出来的，它们按照合适的角度旋转并回转，相互穿插于同样如此旋转的其他直线中。同时，作为古希腊的标志性图案，回纹装饰图案在古希腊普遍使用，而且也是 18 世纪晚期的新古典主义装饰设计的重要组成部分。

卵箭饰

图中这种线脚被称为卵箭饰，因为它很像一排顶部被切掉的鸡蛋。图中这个案例是鸡蛋与一排珍珠串珠相结合，以创造出一种更加精美的效果。卵箭饰无论是在古典时期还是在古典复兴时期，都被广泛用在檐口和其他造型带上。

菱形花纹图案

成群使用或成倍使用时，简单的 X 形或十字形可以形成有趣而复杂的整体性图案，通常称为菱形花纹。之后，这种图案用于织物上使其更具吸水性。菱形花纹图案可以雕刻而成，或者在瓷砖表面制成，也可以用深色和浅色的砖块拼接而成。

扭索饰

一种相互缠绕的圆形图案被称为扭索饰。就像和它相似的回纹装饰图案那样，扭索饰用来装饰檐壁和檐口，并且频繁出现在飞檐和顶棚线脚上以制造出丰富的装饰效果。

装饰·建筑形装饰

建筑元素既可以是装饰性的，也可以是功能性的，而且在许多情况下，建筑的功能主要是让我们觉得安全。尖顶饰曾迫使其他建筑装饰形式退出舞台。各种类型的梁托和支架貌似支承着凸出的建筑元素，而实际上建筑的稳定性是由其他方式来保证的。建筑的细节也可以纯粹用于装饰。在哥特时期，山墙和窗饰常常以这种方式使用，同时，设置在门窗之上的三角楣饰是建筑山墙端部的象征。本部分内容将介绍一些装饰性的建筑元素。

微建筑装饰

围绕在这座尖塔基础上的装饰使用了微型的建筑细节，比如山墙和壁龛，以创造出一系列装饰性的微型建筑外观。这是 14 世纪的哥特式建筑中流行的装饰元素，尤其是在英国，称为微建筑装饰。

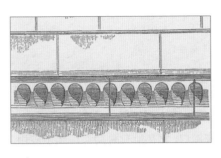

束带层（腰线）

一条安置在楼层之间或建筑立面上其他重要的连接点上的水平装饰带，称为束带层。束带层普遍使用在罗马式建筑和哥特式建筑中，而且类似的效果通过粉刷的或填充的砖砌装饰带在后来的砖砌建筑中发展起来。

三角楣饰

三角楣饰是一种装饰性的山墙，三条边均被檐口线脚围绕。三角楣饰可以是三角形的，如图中所示，也可以是曲线形的。这个案例有一个中断式的顶点，中央安置了一个瓮形的尖顶饰，同时三角楣饰也可以包含一个中断式的底座（将下面的部分分裂开来）。

托石

托石是一种由两个卷涡形反转的S形所构成的装饰性支架。它流行于古典时期，而且在所有的古典复兴时期都为支承凸出的建筑元素而存在，例如阳台（就像图中这个洛可可风格的案例）、壁炉架和跨越在门和窗上的檐口。

华盖

华盖是一种凸出的罩子，放置在其他建筑元素的上方，例如雕塑，或像图中这样的门的上方。这个早期位于康涅狄格州的美国住宅上的贝壳形华盖是从一种曲线形的三角楣饰变形而来的。华盖在哥特式建筑中得到广泛应用。

装饰·装饰线脚

装饰线脚是一种连续的装饰带，通常是三维立体的，用于强化建筑的入口或装饰其他建筑构件，比如柱头、柱础或檐口。它在所有时期都得到了应用。装饰线脚可以采用包括漩涡（通常被称为环形线脚）、凹洞以及角（就像 45°倒角一样）在内的形状。几乎任何类型的图案都可以用来装饰线脚，但是连续的图案以及重复的设计（比如卵箭饰这样的图案）特别普遍，因为它们适用于任何长度。这些重复的设计也有不同的尺寸，某些可以被制作成特别大的尺寸，比如檐口托饰。

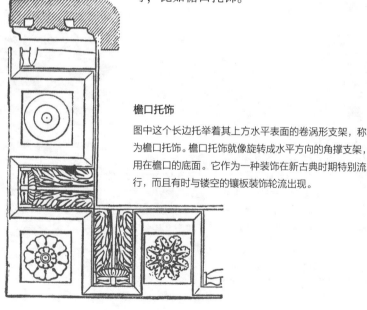

檐口托饰

图中这个长边托举着其上方水平表面的卷涡形支架，称为檐口托饰。檐口托饰就像旋转成水平方向的角撑支架，用在檐口的底面。它作为一种装饰在新古典时期特别流行，而且有时与镂空的镶板装饰轮流出现。

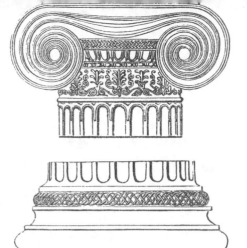

凹凸线脚

图中这个爱奥尼柱式的柱础展示了装饰线脚——包括曲线、凹洞和其他实用的细节——是如何用光影效果来强化一种建筑构件的。这个柱础的基础形状是锥形的，但是被凹线（或叫凹弧边饰）和凸线（凸圆边饰）打破了。位于上部的凸圆边饰采用了回纹装饰。

倒角

角的使用可以柔化建筑构件，比如拱。倒角，一种在直角边切割出 45°斜线的线脚，在所有时期的建筑中都可以找到，尤其在罗马式建筑和哥特式建筑中比较常见。倒角可以单独使用，也可以结合其他线脚一起使用。

珠链饰

这种线脚被称为珠链饰，看起来像一串珠子。在古希腊建筑中，它常与爱奥尼柱式相结合，在古罗马时期和之后的时期，它也得到了广泛的应用，包括新古典主义时期。它的变形使用还出现在罗马式建筑中。

卵箭饰

从图中可以很容易地理解这种线脚是如何得名的，它看起来就像一排圆形的鸡蛋，中间被细长的箭头或飞镖隔开。因为它的箭头的不同形状，它有时候也被叫作卵舌饰或卵锚饰，它是古典建筑及其衍生物的一个重要元素。

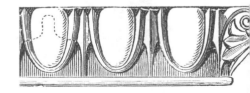

　　无生命的物体常常被用作装饰元素，其中最为流行的是诸如矛和弓箭等武器、花瓶、瓮以及金字塔形方尖碑。程式化的物体描绘，例如象征着装饰性皮带的带状饰也非常流行。对于这些装饰，不论是独立使用还是与植物或其他元素结合使用，都在文艺复兴时期、巴洛克时期和新古典主义时期非常流行，它们被看作直接参考了古希腊和古罗马时期的特征。许多装饰还含有寓言或象征意义，富有学识的人们可以认知它们：比如，瓮令人想到死亡。

漩涡装饰

一种带有漩涡形框架的雕刻墙壁饰板被称为漩涡装饰。漩涡装饰有时但并不总是包含铭文、人物形象或场景。它们在巴洛克和洛可可式装饰中特别流行，通常由丝带或蔓延的树叶包围，以创造出一种整体的装饰效果。

纹章的展示

盾牌、冠和其他纹章图案在中世纪和文艺复兴时期的建筑装饰中也非常流行。在这座位于苏格兰爱丁堡的17世纪的赫里奥特医院的入口处，赞助者的纹章盾牌，以及其上方的头盔和下方的箴言，形成了一个华丽的展示焦点。

带状饰

带状饰，因为它与皮带的相似之处而得名，是北欧建筑流行的装饰形式，尤其是在英国和低地国家。带状饰可以应用在建筑表面，或者像图中所示的那样，用在独立的顶饰上，以创造出一种光影效果。

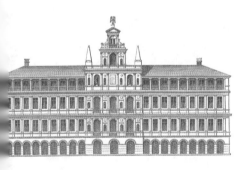

瓮

瓮是一种高高的、曲线形的带盖罐子。它常被安置在锥形的底座上，就像图中这个来自新古典主义建筑师罗伯特·亚当设计的案例。它源自古罗马人在葬礼中使用的容器，象征着死亡。花瓶与瓮类似，但是没有盖子。

方尖碑

高高的、由下向上逐渐缩小，就像细长的金字塔那样，如图中所示的这些位于比利时的安特卫普市政厅（1561—1565年）上装饰山墙的物体，就叫作方尖碑。它们是北欧文艺复兴建筑的关键性装饰元素，并且经常使用在山墙上，就像图中这样。

致谢

作者致谢

我非常感谢多米尼克·佩奇和 IVY 出版社的团队在经常遇到困难的情况下做得如此出色。如果没有杰姆斯·史蒂文斯·科尔的《建筑专用牛津词典》，我的这本书无法完成，所以我非常感谢他付出的努力，也同样感谢我在写这本书时曾求教过的许多作者。特别是艾伯特·罗森加滕、罗素·斯特吉斯、E·E.维奥利特-勒-迪克、J·H.帕克以及杰姆斯·弗格森，他们不仅向我说明了很多原理，还在我的撰写过程中教会了我许多东西。最后，我最要感谢的是我的丈夫马修，他非常支持我，还有费利西蒂，她以独一无二的方式给了我很多帮助。

出版商致谢

IVY 出版社感谢西尔斯控股公司赋予本书图片的使用权。